犠牲のシステム 福島・沖縄

高橋哲哉
Takahashi Tetsuya

a pilot of wisdom

はじめに

本書で私は、福島と沖縄について考えてみたい。

「福島」とはここで、東京電力福島第一原子力発電所で起きた過酷事故とその影響にかかわる諸問題の名称である。また「沖縄」とは、在日米軍専用施設面積の約七四パーセントが集中して基地負担の重圧にあえぐ島の名称である。

なぜ、福島と沖縄なのか。

福島の原発事故は、戦後日本の国策であった原発推進政策に潜む「犠牲」のありかを暴露した。沖縄の米軍基地は、戦後日本にあって憲法にすら優越する「国体」のような地位を占めてきた日米安保体制における「犠牲」のありかを示している。私はここから、原子力発電と日米安保体制とをそれぞれ「犠牲のシステム」ととらえ、ひいては戦後日本国家そのものを「犠牲のシステム」としてとらえかえす視座が必要ではないか、と考えた。それはまた、二〇〇九年夏に生じた戦後日本初の本格的な政権交代の後、眼前に展開された現実に促されてのことでもあった。

政権交代後の二代、鳩山、菅政権が、それぞれ沖縄と福島の問題に正面衝突し、崩壊していったのは、はたして偶然だったのだろうか。そこには、生半《なまなか》な「政権交代」ぐらいではビクともしない戦後日本の国家システムがその露頭を現わし、私たち（それはだれのことだろう?）の生活が、だれかの犠牲から利益を上げるメカニズムのなかに組み込まれていることを、痛烈に思い知らせてくれたようにも思われるのだ。

沖縄の米軍基地問題は、一九九五年、米兵による少女暴行事件をきっかけに日米安保体制を揺るがす事態に発展したが、その後再び、ヤマト（沖縄に対する日本）の日本人の意識から遠ざかり、ほとんど見えないものとなっていた。原発の問題性も、チェルノブイリ事故や東海村JCO事故があったにもかかわらず、大方の日本人にとっては、やはり見えないものとなっていたのではなかったか。しかし、鳩山政権下での普天間《ふてんま》基地問題の展開、菅政権下での福島原発事故の発生によって、これらの問題が一挙に「見えるもの」となった。戦後日本における「犠牲のシステム」の存在、そして「戦後日本という犠牲のシステム」の存在が、可視化されたと言えるのではないか。もはやだれも「知らなかった」と言うことはできない。沖縄も福島も、中央政治の大問題となり、「国民的」規模で可視化されたのだから。

本書では、福島と沖縄の問題について論じ尽くすことはもとより念頭にない。「犠牲のシステム」の概念を原理的に突きつめることも、本書の課題ではない。私はただ、福島と沖縄についての若干の考察を通じて、戦後日本国家における犠牲のシステムの存在に注意を喚起し、このような犠牲を回避するために何ができるかを考える、出発点をつくりたいと願っているだけである。

目次

はじめに —— 3

第一部 福島 —— 11

第一章 原発という犠牲のシステム —— 15

虚を突かれた／福島の出身者として／首都圏の人間として／いかに語るか

「原発という犠牲のシステム」（『週刊朝日 緊急増刊 朝日ジャーナル』）

第二章 犠牲のシステムとしての原発、再論 —— 41

「犠牲のシステム」とは何か／第一の犠牲——過酷事故／

放射線被曝の不安／地元産業への被害／
福島県民への差別「放射能がうつる」／
「福島県民はどこに捨てるの」／
歴史的な差別意識の名残「東北土人」／
自然環境の汚染／想定外ではなかった大事故／
第二の犠牲——被曝労働者／恒常的に組み込まれた被曝労働／
二重の被害／第三の犠牲——ウラン採掘に伴う問題／
第四の犠牲——放射性廃棄物をどうするか／
「核のゴミ」を海外に押しつける／3・11以後の日本の課題／
植民地主義／日米安保体制と「海に浮かぶ原発」／
原発から「核の軍事利用」へ／原発は「核の潜在的抑止力」？

第三章　原発事故と震災の思想論——83

一　原発事故の責任を考える
「なぜ、こんなことになってしまったのか」／

第一義的な責任は「原子力ムラ」にある／政治家・官僚の責任／
学者・専門家の責任／迷走した安全基準／山下発言の何が問題か／
河上肇「日本独特の国家主義」／市民の責任／
無関心だったことの責任／地元住民の責任／政治的な責任

二　この震災は天罰か——震災をめぐる思想的な問題

石原都知事の天罰発言／震災は天の恵み？／
宗教者の発言——カトリック／宗教者の発言——プロテスタント／
知識人の発言／内村鑑三の天譴論／堕落した都市・東京／
犠牲の論理の典型／国民全体の罪を担わされた死／
「非戦主義者の戦死」／死を意味づけることの問題／
天罰論と天恵論の決定不可能性／原爆は天罰か、天恵か／
天罰論が天恵論になるのはなぜか／なぜ、この震災が天罰なのか／
震災にこじつけない／「日本」イデオロギーの表出／
危機だからファシズムか

第二部　沖縄——157

第四章　「植民地」としての沖縄——161

普天間基地移設問題とは／政権交代で見えてきた戦後日本の犠牲／沖縄は日本の捨て石にされた／天皇メッセージ／戦後沖縄の運命／沖縄の犠牲なしに戦後日本は成り立たなかった／〇・六パーセントの土地に七四パーセントの負担／無意識の植民地主義／可視化された犠牲のシステム／可視化されたからこその「感謝」表明／沖縄は眠ってなどいなかった

第五章　沖縄に照射される福島——193

「植民地」としての福島／沖縄と福島——その相違点と類似点／交付金・補助金による利益誘導／本当に地域の役に立っているのか／見えない前提——地域格差／植民地主義を正当化する神話／

もう一つの神話――民主主義／国民投票の危うさ／犠牲となるのはだれか／だれが犠牲を決定するのか／犠牲なき社会は可能か

あとがき――217

主な引用・参考文献――220

図版作成／今井秀之

第一部
福島

福島県の放射線量地図

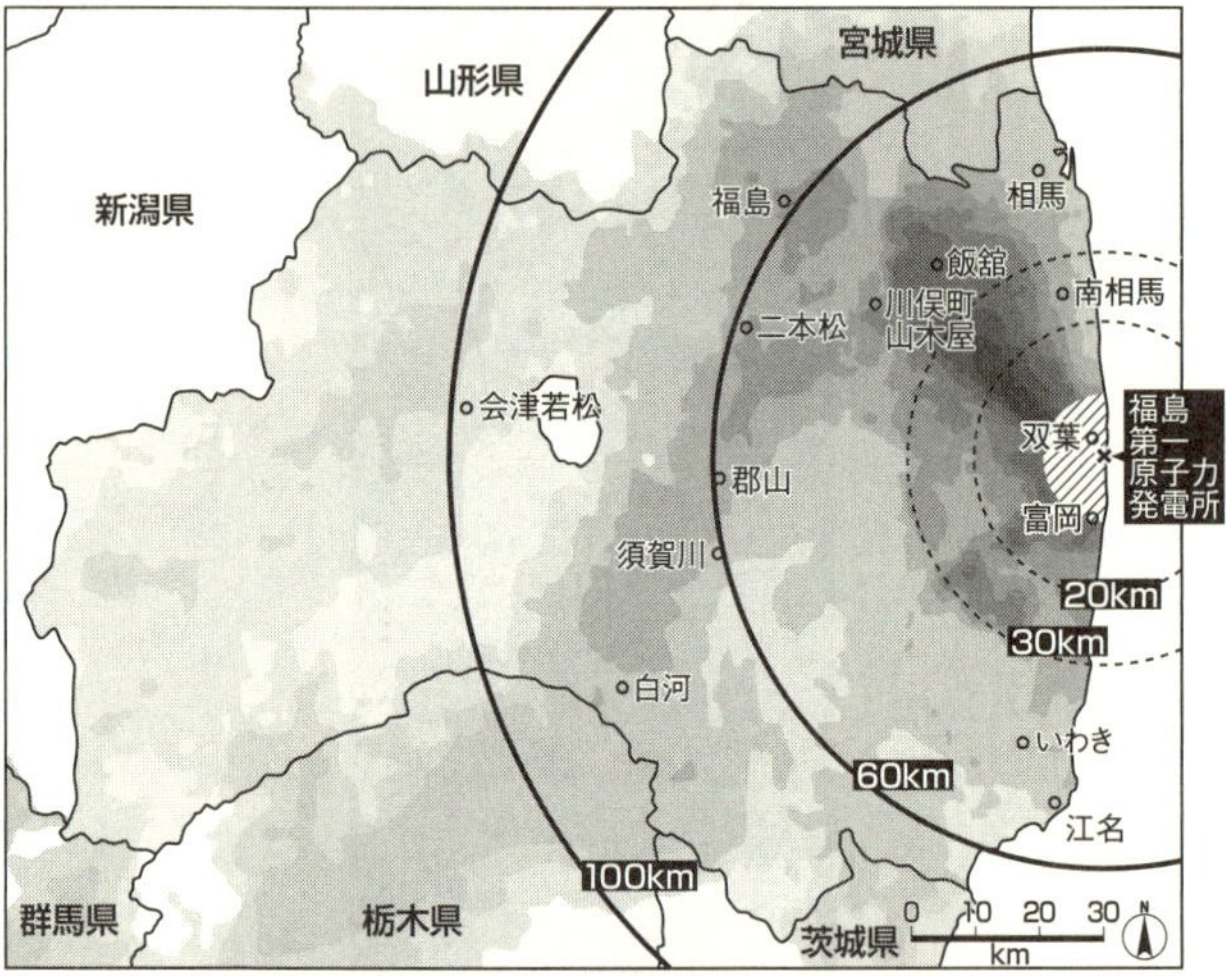

地表面から1mの高さの
空間線量率（μSv/hr）
〈8月28日現在の値に換算〉

19.0 <
9.5 − 19.0
3.8 − 9.5
1.9 − 3.8
1.0 − 1.9
0.5 − 1.0
0.2 − 0.5
0.1 − 0.2
≦ 0.1

測定結果が得られていない範囲

（文部科学省による航空機モニタリングの測定結果をもとに作成）

品川火力発電所からの距離

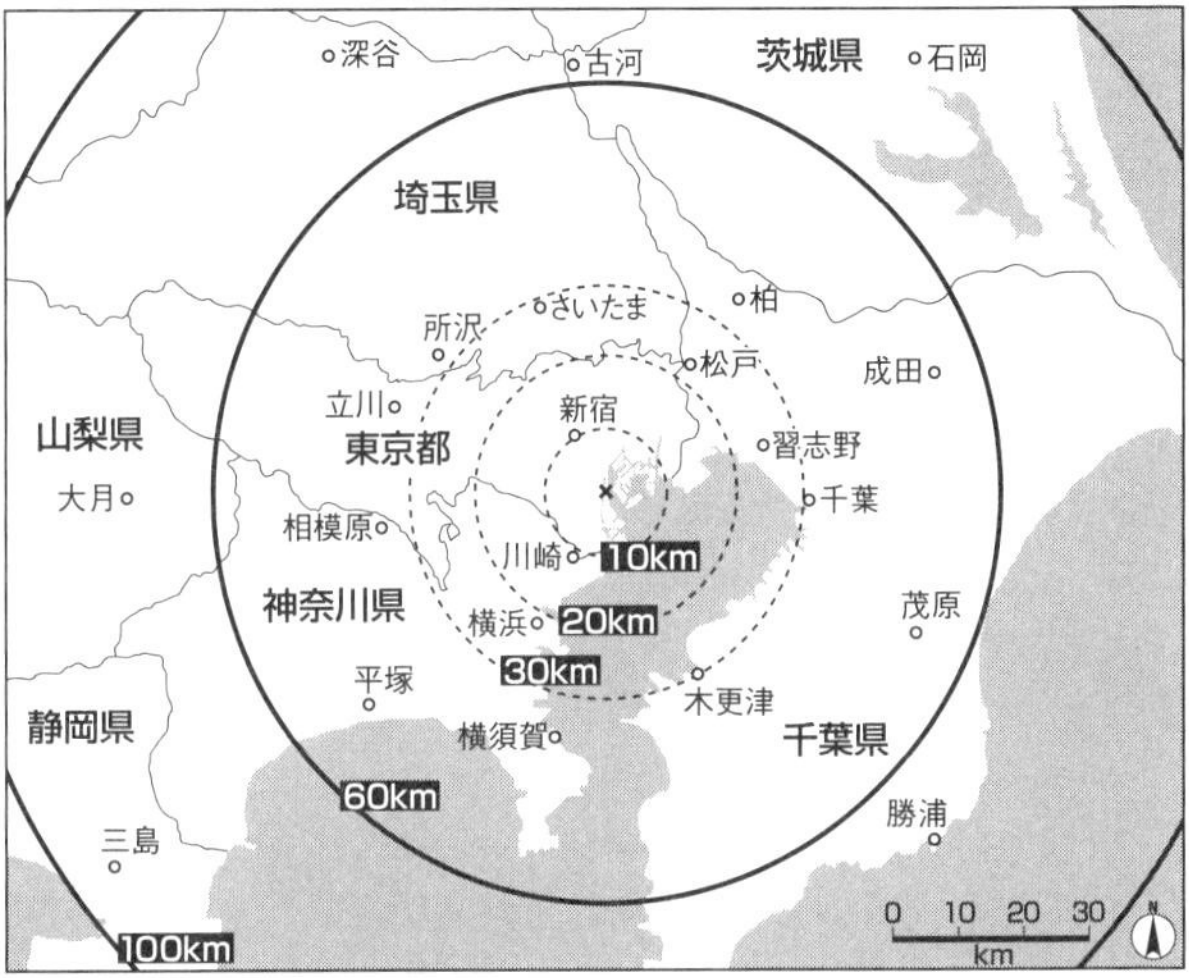

第一章　原発という犠牲のシステム

福島第一原子力発電所三号機の爆発の瞬間
写真提供：福島中央テレビ

二〇一一年三月一一日、午後二時四六分、東北地方三陸沖で大地震が発生し、東日本大震災が始まった。地震による家屋の倒壊、土砂崩れ、液状化等々に加えて、大津波が北海道から千葉県に至る長大な海岸線を襲い、岩手県、宮城県、福島県を中心に未曾有の被害をもたらした。

大震災と同時に、地震と津波の被害を受けた福島第一原子力発電所が過酷事故（シヴィア・アクシデント）を起こした。それまで史上最大の原発事故とされていたチェルノブイリ原発事故（一九八六年四月）に匹敵するレベル7という評価が与えられた大事故となったのだった。

虚を突かれた

大震災もさることながら、とくに福島第一原発の事故に私は大きな衝撃を受けた。それは、私が福島県で生まれ育った人間であり、とりわけ、事故を起こした第一原発の至近にあり第二原発が立地する富岡町で小学校入学前後を過ごした、などの事情と切り離せない。

私はその後の数日間、テレビにくぎづけとなり、連日、未曾有の事態が次々に出現してとまらないこの危機的状況に圧倒された。福島第一原発では、第一号機から第四号機に至るまで、それぞれ水素爆発などを起こし、いわゆるメルトダウン（炉心溶融）の可能性が指摘された。それらに伴って放出された放射性物質が広範囲に拡散し、人々と大地を汚染し続けている状況があった。

テレビでは、菅直人首相が原子力緊急事態宣言を発し、政府の対応が注目された。また、枝野幸男官房長官は第一原発周辺地域の住民に避難指示等を出しながらも、放射能汚染の状態は直ちに人の健康に影響を与えるものではないと繰り返し、逆に人々の不安を拡大させていた。

私の受けた衝撃は、今から振り返るとさまざまな要因が複合していたと感じる。

一つは、私自身がこの間、研究者としては「犠牲」（sacrifice）の問題に関心を向け、日本と世界の政治史および宗教史などに見られる「犠牲の論理」を分析する作業をしていたことにかかわる。『靖国問題』（ちくま新書）、『国家と犠牲』（ＮＨＫブックス）など、日本の戦前、戦中の「靖国」のシステムを典型とするような国家と犠牲の問題系についても考察を行なっていた。

にもかかわらず、原発については、それが巨大なリスクを伴うシステムであることは承知しており、また、とりわけ広島・長崎の「核」の惨禍を知る日本国民の一人として、疑問と批判を抱いてはいたが、しかし、原発の問題そのものをテーマとして追究することはしていなかった。

虚を突かれた、という感じだった。しまった、油断をしていた、という感覚、まずそれがあったことは否定できない。

福島の出身者として

福島県に生まれ育った人間としては、故郷への思いに胸を締めつけられるような感覚があった。福島はこれからどうなってしまうのか。原発立地自治体、その周辺、さらには福島県全体がもしかしたら最悪の場合、放射能の被害によって壊滅してしまうかもしれないとすら思った。

福島の出身者として、福島の危機に深刻な不安と悲しみを感じながらも、しかし一方、大学入学以後、四〇年近く福島を離れ、東京首都圏の人間として生きてきた、そのこともまた衝撃の一部をなしていた。

福島県は東北地方にあり東北電力の管轄地域であるにもかかわらず、福島原発は東北電力の原発ではなく東京電力の原発である。私は東京首都圏の住民として、原発事故のリスクを故郷福島に担わせ、そこから送られてくる電力の利益だけを享受してきたのではないか。福島県で生まれ育った人間としては、自分の心身が放射能汚染されるかのような痛みの感覚をもちながら、しかし同時に、私はもはや福島の人間ではなく、福島原発の「恩恵」だけを享受してきた東京首都圏の人間なのだ。そのことをどうとらえるべきなのか。大きな戸惑いを感じた。

首都圏の人間として

福島が被害者であり、東京が加害者であるという単純な話ではおそらくないだろう。福島に原発が立地するには、かの地の政治家の強力な運動や立地自治体の誘致活動があった。

そして、それに伴う経済的な利益がかの地にもたらされていたことを私は知らないわけではなかった。

他方、東京首都圏の人間として、原発というリスクを福島に肩がわりしてもらっていた私が、いま現在、原発のたび重なる爆発などによって放出した放射性物質の危険にさらされているということも事実である。事故の展開によっては、東京首都圏そのものが深刻な被害を受けるおそれは現実のものとして存在した（そのおそれはすでに一部現実化したし、事故が収束しない限り今後も存在しつづける）。

さらにいえば、私のなかには大学入学と同時に福島を離れたこと自体についての、理屈ではない一種の罪責意識のようなものすら存在したと感じる。私の福島から東京への移動は、大きく見れば戦後日本の地方から大都市圏、とりわけ首都圏への人口移動の一ケースにすぎないといえるかもしれない。

戦後日本の高度経済成長に伴い、またそれを支えるために、福島のみならず全国の地方から、多数の若者をはじめとする人々が労働力として人口移動した。これは、大きくいえば、近代化の運動そのものの一部であって、その人口移動によって過疎化し、発展から取り残される焦りを抱いた地方が、たとえば福島が、原発の誘致に頼ったのが今回の事故の遠因だったとも考えられる。

そのように考えると、私自身、東京電力福島原発からの電力を享受していたというだけではなく、それ以前に福島から東京へ出てきたこと自体によって、今日のこの事態、福島の悲劇に何か責任があるのではないかという理屈以前の感覚が生じてくるのだ。

おおよそこのような、複雑な、もやもやとした感覚を抱きながら、刻一刻と展開していく事態を息をのんで見守っていたのであった。

いかに語るか

私がこの出来事について語るとしたら、どのように語ることができるのか。

もちろん一人の研究者として、自分自身の専門もしくは関心のある領域の視点から、原発事故問題を論じることは私なりにできるかもしれない。研究者ならずとも一人の市民として、だれもがこの事故を一般的な見地から論じることはもちろん可能であり、また、なされてしかるべきことである。しかし同時に、私のような人間は、今回についていえば福島との個人的なかかわり抜きにこれを論じることが難しいことも否定できない。

自分自身、この事故をどのように受けとめ、もしもそれについて語る機会が与えられたら、どのように語ることができるのか、悩みながら事態を見つめているうちに、交通機関が復旧して福島に行くことができるようになった。私は何はともあれ自分の故郷でもある福島に入って、現状を見ること、否、それ以前にともかく福島の地に立ってみること、それを望んだ。こうして、震災と原発事故の発生から約一ヶ月後、四月一六日に私は福島に入り、そのときの体験を踏まえて、最初に書いた文章が以下のものである。

◇　◇　◇

原発という犠牲のシステム

四月一七日、私は福島県川俣町《かわまたまち》の山木屋《やまきや》地区、山木屋小学校にいた。福島市から南東方向に約三〇キロ、阿武隈《あぶくま》山地もかなり奥に入った山間の小学校だ。車を出してくれた友人がここに勤務したことがあり、その後も子どもたちとの交流があることから案内してくれた。

　丘の上に校舎、体育館、校庭などがまとまっている。校庭からは周囲の山並みを一望することができ、実にすがすがしい。友人が夏休みに生徒たちとここに寝泊まりして、満天の星空を観察して楽しむ、というのもうなずける。

　用務員のEさんについて、校庭や建物を見て回った。校庭のあちこちに地割れができている。校舎の壁面にひびが入っているところもある。3・11の大地震の爪痕だ。でも、これらはまだいい。一定の復旧作業を施せば、もとの安全な学校に戻すことができるから。問題は、眼に見えない放射能だ。福島第一原発の度重なる水素爆発等によって放出された大量の放射性物質が風に乗って飛散し、原発から約三〇キロ離れたこの地区をも汚染した。四月一三日に発表された福島県の調査結果によれば、県内一六市町村の小学校二〇校の中で最も高い値が、この山木屋小学校の土壌から検出されているのだ（一キロ当たり五万九〇五九ベクレル）。

　山木屋地区の小中学生と幼稚園児約百人は、私が行った日の翌日から、約一〇キロ離れた町中心部の学校・幼稚園にバスで通うことになった。地区全体が政府の計画的避難区域に指定されたことから、一カ月以内には大人も全員地区の外に避難しなければならないのだが、まずは放射線の影響を受けやすい子どもたちから始めたのである。保護者会では教育長が「子どもたちには何の罪もない。山木屋地区に何の落ち度もない。痛恨の極みだ」と述べたという。たしかにここに暮らす人々にとって、福島第一・第二原発は、事故さえなければおよそ縁遠い存在でしかなかったはずだ。遠く離れた原発の事故によって、慣れ親しんだこの地を離れなければならなくなるなどと、誰ひとり想像したこともなかっただろう。

山木屋地区の次に、飯舘《いいたて》村に入った。山木屋地区の人々は、それでもまだ同じ川俣町内での避難で済むかもしれないが、東隣の飯舘村は、全村挙げて村の外に避難場所を見つけなければならない。広大な面積をもつ村全体が計画的避難区域に指定されたからだ。

飯舘村は美しい。山林と耕地と牧草地がうねるように連なり、ところどころで名産の「飯舘牛」がのんびり草を食《は》んでいる。放射能汚染を知らずにこの村に来たら、なぜ六千人の全村民がこの美しい村から出ていかなければならないのか、全く理解できないだろう。

村民自身が信じられないであろう、原発とは何の関係もないこの地で、地道に農業や牧畜業を営んできた自分たちが、なぜ突然、村を出ていかなくてはならないのか。しかも、原発事故発生から一カ月以上も経つ、今になって……。

さらに東の南相馬《みなみそうま》市に向かう。中心部は原発から二〇～三〇キロ圏で屋内退避区域。そのせいか人も車もあまり見かけず、抜けるような青空の下、咲き誇る桜がどこか寂しげだ。市役所一階にはさすがに少なからぬ被災者が詰めかけていた。窓口に並んだり、貼り出された死亡者名簿や全国からの応援メッセージに見入ったりしている。

国道六号線を南下し、原発に近づいていく。予想通り、二〇キロ地点には「立ち入り禁止」の立て看板と「通行止め」の電光掲示板があり、警察が封鎖していた。「警戒区域」の指定前で強制力はなかったが、無理はせず、Uターンして北上。南相馬市から相馬市にかけて津波の爪痕を見て歩いた。

私は福島県で生まれ育った。両親は福島市の人だったが、私は父の仕事の関係で現在のいわき市に生まれ、二歳の時に一年間東京にいた他は、高校卒業まで浜通り、中通り、会津地方の学校を転々とした。小学校に入学したのが福島第二原発のある富岡町。そこに四年間住んだ。

今次の大震災もさることながら、福島原発の事故が私にとって他人事でなかったのはそのせいだ。個人の人生の最初期の記憶が残る彼の地の自然と人々が苦悶し、悲鳴を上げている。不思議なもので自分の体内にも、言葉にならない呻《うめ》き声《ごえ》が聴こえる気がした。チェルノブイリ級「レベル7」の大事故だという。富岡町がゴーストタウン化しただけではない。もしかしたら「福島」全体が消えてしまうかもしれない。

双葉町《ふたばまち》や富岡町から、南相馬市や飯舘村から、いわき市や福島市から、県内外に「原発難民」となって身を寄せている何万という人々。その中には数千人の子どもたちがいる。メディアでその消息に接するたびに、否応なくそこに自分を重ねてしまう。事故の深刻化と被害の拡大を伝える連日の報道を追いながら、私は不安、悲しみ、当惑、怒り、あるいは罪責感――何とも表現しようのない感情が自分の中に呼び起こされるのを感じていた。

この事故がいつ収束するのか。そもそも収束すると言えるものなのか。電力会社の「工程表」が出たからといって、当てにはできない。そんな状況で、概略いま述べた理由から私にとって容易に公共化できない部分を含むこの事故についての感想を、どこまで言葉にできるのか。言葉にしてよいものか。ここまで書き進んできても、なお躊躇《ちゅうちょ》してしまう自分がいる。

責任からの遁走《とんそう》

少なくとも言えるのは、原発が犠牲のシステムである、ということである。そこには犠牲にする者と、犠牲にされるものとがいる（原発の場合、前者は人間だが、後者は人間だけではない）。犠牲にする者とされるものとの関係は、たしかに、必ずしも単純ではない。それは他の犠牲のシステムと同じだ。しかし、だからといって、犠牲にする者と犠牲にされるものとの関係が解消されるわけではない。

犠牲のシステムでは、或る者（たち）の利益が、他のもの（たち）の生活（生命、健康、日常、財産、尊厳、希望等々）を犠牲にして生み出され、維持される。犠牲にする者の利益は、犠牲にされるものの犠牲なしには生み出されないし、維持されない。この犠牲は、通常、隠されているか、共同体（国家、国民、社会、企業等々）にとっての「尊い犠牲」

として美化され、正当化されている。そして、隠蔽《いんぺい》や正当化が困難になり、犠牲の不当性が告発されても、犠牲にする者（たち）は自らの責任を否認し、責任から逃亡する。この国の犠牲のシステムは、「無責任の体系」（丸山眞男）を含んで存立するのだ。

3・11以後、「無責任の体系」はその空虚な本質をいかんなく発揮しつつある。四月一九日、文部科学省は、福島県内の小中学校や幼稚園で校舎や校庭を利用する基準を示し、年間被曝量二〇ミリシーベルト超、校庭の放射線量が毎時三・八マイクロシーベルト以上で屋外活動を制限するとした。これにより、福島市、郡山《こおりやま》市、伊達《だて》市の一三施設以外では通常の学校活動が認められることになった（後に、ほとんどが制限解除）。

大いに疑問の残る措置である。福島県の調査では、県内の約七五％が法令の定める放射線管理区域、二〇％がより厳しい管理が必要な個別被曝管理区域に当たるという結果が出ていた。幼稚園児や小中学生に、大人の基準で見てもきわめて高い放射線量の場所で活動させてよいのか。政府がなかなか基準を示さないため、県内のほぼ全域で屋外活動が控えられていたところだった。また四月一三日には、原子力安全委員会の委員が、子どもの年間被曝量は「大人の半分の一〇ミリ程度に抑えるべき」との見解を発表していた。ところがこの見解が翌日、「委員会決定ではなかった」として撤回され、二〇ミリという文科省基準が出てきたのである。

一般公衆の被曝基準量は年間一ミリシーベルトだ。放射線の影響をより大きく受けるという子どもにその二〇倍の被曝を許容するとはどういうことか。非常時だから基準を緩めるというのでは、そもそも何のための基準なのか。誰が、どんな理由で、このように大甘で危険な基準を定めたのか。

四月二一日、この基準の撤回を求める市民の政府交渉があり、原子力安全委員会と文科省の担当官が出席した。ところが唖然《あぜん》とするような現実が明らかになる。文科省担当官は放射線管理区域の意味も、そこでは一八歳未満の労働が禁止されていることも知らない。福島県内に放射線管理区域や個別被曝管理区域の値を示す学校が多数あることも知らない。なぜ累積放射線量を三月二三日から測り、それ以前を含めないのか、答えられない。原子力安全委員会は正式な会議を開いておらず、二〇ミリに決めた審議経過も分からない。「(安全委員会は文科省に)助言しただけで、決定したわけではない」というが、ではどんな助言をしたのか、五人の委員がそれぞれどんな意見を出したのか、記録もないし、答えられない。市民側の問いかけにほぼまったく答えることができないのだ。

福島の子どもたちの未来は、この決定によって変わる可能性がある。健康被害はもとより、さまざまな差別に晒される恐れもある。そのことに、誰が責任を負うのか。少なからぬ親が、眠れぬ夜を過ごしている。朝がくれば、子どもを学校に送り出す。それでよいのか。自分は親として、わが子に取り返しのつかないことをしているのではないか。この不安に応えるべき、責任者の顔が見えない。深い不安が、まったく無責任に放置されているのだ〈四月三〇日、小佐古敏荘《こさことしそう》・内閣官房参与が政府の原発事故対応を批判して辞任。この放射線安全学の専門家は辞任を決断した理由の一つとして、「〈文科省が採用した年二〇ミリという基準は〉とんでもなく高い数値であり、容認したら私の学者生命は終わり。自分の子どもをそんな目に遭わせるのは絶対に嫌だ。通常の放射線防護基準に近い年間一ミリシーベルトで運用すべきだ」と述べた〉。

佐藤栄佐久・前福島県知事の著書『知事抹殺——つくられた福島県汚職事件』（二〇〇

九)。その第三章「原発をめぐる闘い」、第四章「原発全基停止」は、原発推進の国策とその実動部隊である電力会社によって、立地県県民の安全がいかに軽視されてきたかの貴重な証言と言える。

佐藤前知事によれば、原発の事故では県や自治体に何の権限もなく、拱手傍観《きょうしゅぼうかん》する他はない。たとえば一九八九年一月に起きた福島第二原発三号機の事故のとき、東電は度重なる警報にもかかわらず異常を何日も隠し続け、事故を報告した日も、警報を鳴りっ放しにして七時間も運転を続けていた。ところがこの時、「事故の情報は福島原発から東京の東京電力本社、そこから通産省、そして通産省資源エネルギー庁から福島県、とえんえん遠回りで、地元富岡町には、最後に県庁からやっと情報が届いたというていたらくだった」。通産省に、県にも役割を分担させるよう求めたが、何の反応もない。「国策である原子力発電の第一当事者であるべき国は、安全対策に何の主導権もとらない」という「完全無責任体制」になっているからだという。

二〇〇二年八月には、東京電力が長年にわたり、福島第一・第二原発内のトラブルを隠すため、点検記録を改竄《かいざん》してきたことが内部告発によって明るみに出た。しかも、その内部告発の手紙は、二年も前に原子力安全・保安院に届いていたのに、保安院は立ち入り調査も告発者からの事情聴取もせず、逆に告発内容と告発者の名前を東電に通知していた。前知事によれば、「国も東電も同じ穴のムジナ」なのだが、「国こそが本物の『ムジナ』」なのであった。

不信を深めた前知事は、事前了解していたプルサーマル計画を白紙撤回し、国・東電と全面対決。しかし、〇五年一〇月、閣議で決定された「原子力政策大綱」には、福島県が提出した意見はまったく反映されず、国は、核燃料サイクルという、本当のところは誰ひとり確信をもってうまくいくとは思っていない計画に乗り出すことになる。

前知事は言う。「責任者の顔が見えず、誰も責任を取らない日本型社会の中で、お互いの顔を見合わせながら、レミングのように破局に向かって全力で走りきる決意でも固めたように思える。つい六〇年ほど前、大義も勝ち目もない戦争に突き進んでいったように。私が『日本病』と呼ぶゆえんだ」

3・11以後の破局が、ここに正確に〝予描〟されているように思うのは、私だけだろうか。そして、この「完全無責任体制」によって最初の犠牲とされたのが、福島県民であることを誰が否定できるだろうか。

立地自治体は電源三法に基づいて多額の補助金を交付され、恩恵を受けている。たいした産業もない地域に何億という金が落ち、雇用も増え、地元民は経済的に潤った。そもそも地元はそれを当て込んで原発を誘致したのではなかったか。それを今になって、「裏切られた」とか、「赦《ゆる》せない」とか、一方的な被害者然とふるまう権利はない、という議論もある。「自業自得だ」などという暴論も含めて。

だが、経産省や東電は、あらゆる機会にあらゆる手段で、「多重防護システムだ」「自然災害による事故も絶対ありえない」などと言ってきた。「それだけ言われれば、地域社会が信用するのは当然だった」(佐藤前知事)。かつての戦争と同じく、世論工作を含めて巨費を投じて推進される国策に巻き込まれないことは難しい。たしかに、「騙《だま》される」には「騙される側の責任」もないとは言えない。しかし、補助金も何も地元にとっては「安全」が前提であって、その前提なしに原発を受け容れる住民は存在しない。大事故と補助金との「等価交換」など成り立ってはいないのである。

この意味で、「絶対安全」の宣伝にお墨付きを与えてきた原子力科学の専門家、学者・

技術者たちの責任は重い。経産省等の下に組織された無数の委員会や審議会の役職を務め、巨額の研究費を電力会社から提供されることで国策に取り込まれてきた学者たちなしには、「原発安全神話」は成り立たなかった。広告費欲しさに「安全」宣伝を垂れ流し、批判的なスタンスの学者・ジャーナリストを排除してきた、テレビなどマスメディアの罪も同断である。

犠牲になるのは誰か

第一原発で二度目の水素爆発があった三月一四日から翌日にかけて、政権と東電の間に緊迫したやり取りがあったと伝えられている。一四日夜、東電は事故現場から職員全員を退去させ、自衛隊と米軍に後を委ねる方針を打診。翌日菅首相が東電本社に乗り込んでこれを拒否、「あなたたちしかいないでしょう。撤退などありえない。覚悟を決めてください。撤退した時は、東電は百パーセントつぶれます」と怒鳴った。「東電がつぶれるという問題ではなく、日本がどうなるかという問題だ」と迫ったともいう。

真相はよく分からない。東電幹部の話として、「部分的な撤退を検討したのは事実だが、全員撤退を検討した事実は絶対にない」とも伝えられている。もし実際に東電が「全面撤退」を望んだのであれば、これほど無責任なこともあるまい。「何があっても安全」と地元民を言いくるめ、巨大な利益を上げておきながら、いざ重大事故が起こってみると、手に負えないからと投げ出して遁走。そんな卑怯《ひきょう》が許されるはずもない。残された地元民はどうなるのか。生命と生活の危機に晒される人々はどうなるのか。

他方、東電側から見れば、どうか。「本物のムジナ」は国なのに、巨大企業とはいえ法律上は一民間企業にすぎない東電に、全責任を押しつけて国は逃げるつもりか、となるのではないか。「同じ穴のムジナ」同士、責任をなすりつけ合っているのだ。

問題は、「あなたたちしかいないでしょう」というけれど、「あなたたち」とは誰か、「覚悟を決めてください」というけれど、「覚悟」しなければならないのは誰か、ということである。東電側には、「(首相が)『撤退は許さない』というのは『被曝して死ぬまでやれ』と言っているようなもの」との不満があるという。だが「被曝して死ぬまでやらされる」のは、東電の会長でも社長でも副社長でもない。原発内の現場作業員であり、彼らの多くは東電社員ですらなく、子会社・孫会社を通して集められた非正規労働者に他ならない。しかも、現在、福島第一・第二原発内で危険な任務に当たっている作業員の約八割は、地元出身者であるという（作業員の健康状態を診察した医師の証言）。原発事故の被災者自身が、事故収束のため過酷な末端労働を担わされているのである。

彼らを「決死隊」と呼んだり、「フクシマ五〇」と呼んで英雄視する報道もある。いよいよ大量被曝を覚悟した作業が必要になったとき、「平成の特攻隊」をどのように選べば「公正」なのか、という議論もある。志願によってであれ命令によってであれ、被曝死者が出たら、靖国神社の「英霊」のように、「お国のため」「国家国民のため」「日本のため」に命を捧《ささ》げた「尊い犠牲」として顕彰し、（遺族がいれば）遺族に精神的慰謝と経済的補償を与えればよい、というのだろうか。その実態はしかし、「完全無責任体制」で推進されてきた原発政策、その利権に群がってきた政治家、官僚、電力会社幹部、原子力科学の学者・技術者たち（総じて「原子力ムラ」と言うらしい）の怠慢、欺瞞《ぎまん》、特権意識がもたらした無残な失敗の、尻拭いを強いられる、ということではないか。現代のスケープゴート（犠牲の山羊《やぎ》）にされる、ということではないか。災厄に襲われた社会が、自らの罪から逃れるために、力弱い山羊に全責任を押しつけて、犠牲に捧げる。そうしておいて社会は、山羊を自分たちの救い手として崇め奉るのである。

福島原発の危機で、原発の末端作業員の労働実態が少しくマスメディアに取り上げられた。乾燥米や缶詰等で一日二食、ミネラルウォーター一本、防護服を着て特殊マスクをつけ被曝線量ぎりぎりでの交代作業、シャワーも風呂もなく、免震重要棟の大部屋で雑魚寝、等々。だが、これら被曝労働者の実態を東電はまだほとんど明らかにしておらず、マスメディアもあえてこれを報道しない。福島原発でも他の原発でも、今回のような危機においてだけでなく、じつは「平時」からつねに末端には被曝労働者が存在し、被曝が原因と疑われる病気や死亡例が後を絶たないのだが、その真相はいまも隠されたままである。「疑われる」とは、そうした人々が白血病やガンで亡くなっても、「被曝との因果関係は証明できない」として労災認定されないことが多いからだ。樋口健二著『闇に消される原発被曝者』（二〇〇三）には、福島原発の労働者でそうした「不審死」をとげた四人とその家族の証言が、実名で紹介されている。

そうすると、原発というものは、内部にも外部にも犠牲を想定せずには成り立たないシステムである、と言えるのではないか。日常的にも危機においても、原発はその内部に被曝労働者の犠牲を必要とする。いったん大事故が起これば、まず地元とその周辺の人々と環境が、そして放射性物質の拡散によって、県境や国境も越えて広大な地域の人々と環境が犠牲とされる。原発とはそのような犠牲のシステムなのである。

ポスト・フクシマの歴史的課題とは、原発という犠牲のシステムを、いかに適切に終《しゅう》焉《えん》させるか、ということにある。「安全神話」の神話たる所以《ゆえん》が白日のもとに晒された以上、この国の原発は止められなければならない。これに対して、今後もこのシステムを支持しようとする者は、誰が犠牲になるのか、という根本問題に答える義務がある。福島県民はもはや、東京電力の原発を通して首都圏住民の利益の犠牲となることを受け容れないだろう。石原慎太郎都知事は「東京湾に原発をつくってもよい」と豪語している。口先だけでないなら「本当につくってみろ」(佐藤前知事)と言うべきだろう。

かつて「戦争絶滅受合法案」なるものがあった。前世紀の初めデンマークの陸軍大将フリッツ・ホルムが、各国に次のような法律があれば、地上から戦争をなくせると考えたのだ。戦争が開始されたら一〇時間以内に、次の順序で最前線に一兵卒として送り込まれる。第一、国家元首。第二、その男性親族。第三、総理大臣、国務大臣、各省の次官。第四、国会議員、ただし戦争に反対した議員は除く。第五、戦争に反対しなかった宗教界の指導者。——戦争は、国家の権力者たちがおのれの利益のために、国民を犠牲にして起こすものだとホルムは考えた。だから、まっさきに権力者たちから犠牲になるシステムをつくれば、戦争を起こすことができなくなるだろう、というわけだ。

この段で原発事故を考えれば、どうなるか。原発を推進するのは、政治家、官僚、電力会社、学者などから成る「原子力ムラ」である。とすれば、大事故の際にはまっさきに、次の人々が「決死隊」として原子炉に送り込まれる。内閣総理大臣、閣僚、経産省等の次官と幹部、電力会社の社長と幹部、推進した科学者・技術者たち。原発を過疎地に押しつけて電力を享受してきた（筆者を含めた）都市部の人間の責任も免れない。

問題は、しかし、誰が犠牲になるのか、ということではない。犠牲のシステムそのものをやめること、これが肝心なのだ。

（『週刊朝日 緊急増刊 朝日ジャーナル』二〇一一年六月五日）

◇　◇　◇

この文章では、福島の現地を最初に見た印象を踏まえて、今回の事故から原発を犠牲のシステムとしてとらえることができるのではないかという視点を提示した。この「犠牲のシステムとしての原発」というとらえ方について、次章では少し詳しく考察してみよう。

第二章　犠牲のシステムとしての原発、再論

ＪＲ常磐線磐城太田駅。この先は警戒区域
撮影：真鍋かおる

「犠牲のシステム」とは何か

今回の福島原発事故によって、原子力発電というものが「犠牲のシステム」であることが明白になった、と私は考えている。原発とは、日本国家の犠牲のシステムとして、かつてのヤスクニと通底するような「犠牲のシステム」であると言っても過言ではない。

では、「犠牲のシステム」とは何か。一般的な定式を繰り返しておく。

「犠牲のシステムでは、或る者（たち）の利益が、他のもの（たち）の生活（生命、健康、日常、財産、尊厳、希望等々）を犠牲にして生み出され、維持される。犠牲にする者の利益は、犠牲にされるものの犠牲なしには生み出されないし、維持されない。この犠牲は、通常、隠されているか、共同体（国家、国民、社会、企業等々）にとっての『尊い犠牲』として美化され、正当化されている」

では、原発が犠牲のシステムであるとはどういうことか。以下に、今回事故を起こした福島第一原発に即して見ていこう。

第一の犠牲──過酷事故

まず第一に、福島原発事故が福島県民に甚大な被害を与えていることはだれの目にも明らかだろう。言い換えれば、福島県民は原発事故によって多大の犠牲を強いられている。

ただし、さっそく注意しなければならないのは、福島県民といっても、その中身はさまざまであるということだ。いくつかの理由から、福島県の県民全体の被害を語ることにはたしかに意味があるのだが、そのことによって県民内部の多様性、その被害の多様性を見失ってはならない。そのことを踏まえたうえで、原発事故が福島県民の生活を、さまざまなあり方で犠牲にしていることをあらためて指摘したい。

福島県は大きく分けて三つの地方から成っている。いわき市や南相馬市など太平洋に面した県東部の浜通り地方、福島市や郡山市など県中央部に位置する中通り地方、会津若松市や喜多方《きたかた》市など県西部の会津地方である。

このうち、原発が立地する浜通り地方を中心としていくつかの自治体、第一原発がある大熊町《おおくままち》、双葉町、さらに第二原発がある富岡町、楢葉町《ならはまち》、その周辺、それに隣接する浪江《なみえ》町《まち》などの住民およそ一〇万人が、三月一一日直後に、政府の避難指示を受けて県内外に着のみ着のままで避難を余儀なくされたことは周知のとおりだ。さらに、これに隣接する自治体のなかでも、飯舘村、川俣町の一部、南相馬市の一部などが計画的避難区域とされて、一定の期間内に住民全員がやはり故郷を離れて避難することを求められた。

これらの自治体の住民も、世代や性や職業などによって被害の態様はさまざまだろう。職業でいえば、農業に従事していた人、漁業に従事していた人、商店を営んでいた人、原発関連企業で働いていた人、公務員や一般企業のサラリーマンだった人、その他さまざまな職種や生活のしかたによって、その被害の質や意味が違っているかもしれないが、しかしいずれにせよ、今回の事故によって従来の生活が破壊されてしまったという事実は否定しようがない。

故郷にはもしかしたら永遠に戻れないかもしれないし、戻れるとしても何年先になるかわからない。大勢の人々がそういう不安を抱えての避難生活を強いられているのだ。

放射線被曝の不安

計画的避難区域の外側にも、政府の避難指示の対象にはならなかったものの、放射線被曝の不安におののきながら暮らし、またその不安からふるさとを離れて県内外に避難することになった多くの人々が存在している。

具体的には、福島市、郡山市など、県の政治・経済の中心をなす中通り地方の人々で、およそ一〇〇万人が該当する。この地域では、福島第一原発の水素爆発等によって飛散した放射性物質が、地形や風向きの影響を受けて集積し、高い汚染を示しているホットスポットと呼ばれる地点が多く、チェルノブイリ事故の基準でいえば避難の義務、あるいは避難の権利が生じるような放射線量になっているとされる。

実際この地域の放射線量を概観すると、なぜ事故直後に避難指示が出されなかったのか、そして、いまもなお避難指示が出されないのか、疑問を抱かずにはいられない。おそらくは、県の政治・経済の中心地を含み、人口密度も比較的高いこの地域の約一〇〇万の人々に避難指示を出せば、甚大な社会的コストがかかる、また、避難指示によって政府の補償の対象にもなるとすれば莫大な補償財源を必要とする、といった理由から、政府や県の思惑によって避難指示が出されなかったのだろう。

しかし、政府の指示によって避難した人々とは異なり、放射線量が比較的高いにもかかわらず行政の避難指示が出ない状態に置かれることによって、この地域の人々は、深刻なジレンマを抱えることになった。すなわち、はたして自主避難すべきか、この地にとどまるべきか、厳しい選択の前に立たされたのである。

とくに子どもや妊婦を抱える家族は、きわめて難しい判断を迫られている。自主避難には当然、移転費用や避難中の生活費をはじめとしてさまざまなコストがかかるが、家計がそのコストに耐えうるかどうか。また、いつまで避難すれば戻ってこられるのか、避難中の仕事や学校はどうするのか、さらには慣れ親しんだ土地を離れての避難そのものに含まれる精神的なストレスなど、不安材料は尽きない。

他方、自主避難に伴うコストを考慮して、避難せずに現地にとどまればとどまったで、放射線被曝の不安がつきまとって離れない。

避難が一種の「自己責任」とされることによって、この地域の人々は、行政の指示で避難せざるをえなかった人々に比べて、ある意味では厳しい選択の前に立たされているとすら言えるかもしれない。こうした地域の人々に、将来的に、どれだけの健康被害が発生するのか、不安をもつなと言っても無理な話であろう。

地元産業への被害

以上が、比較的高い放射能汚染を受けた地域であるが、これらの地域に比べると被曝線量が低かったとされる会津地方においても、まさに「福島」県に属するというだけで、農産物、畜産物、その他の生産物が、「風評被害」にさらされるという被害が生じた。また、会津地方には磐梯山《ばんだいさん》や猪苗代湖《いなわしろこ》、鶴ヶ城《つるがじょう》や白虎隊《びゃっこたい》の故地をはじめとする観光名所があるが、原発事故以来、観光客が激減して、旅館・ホテルや商店などの業者が存続の危機に立たされている。

このような事態を総合すれば、福島県の住民全体が何らかの被害を受け、また産業全体が壊滅的な被害にさらされていることは否定できないだろうと思われる。

福島県の産業被害の衝撃的な例としては、次のようなケースが報じられている。以下、新聞報道などによる。

中通り地方に位置する須賀川市で、三月二四日朝に、有機野菜栽培を営んでいた六四歳の男性が自宅の敷地内で首をつってみずから命を絶った。これは政府が一部の福島県産野菜について、摂取制限の指示を出した翌日のことである。

この男性は、有機農業に使命感をもち、また何代も続いた伝統ある農地を受け継いで農業をしていくことに希望をもっていたが、自殺する前日には「福島の野菜はもうだめだ」と家族に語っていた。遺族は原発に殺されたと悔しさを募らせているという。

また、六月一一日には、浜通り地方に位置する相馬市の酪農家の五〇代の男性が、「原発さえなければ」と書き残して、首をつって命を絶った。この男性は、事故の影響で牛を処分して廃業せざるをえなくなっていた。小屋の壁に白いチョークで、「残った酪農家は原発にまけないで」「仕事をする気力をなくしました」と記していた。

この男性が住む地区は、事故以来、加工前牛乳が出荷停止となり、男性は乳を搾っては捨てていた。男性は親の代から酪農を続けていたが、六月初旬までに牛約三〇頭を処分していた。仲間の酪農家によれば、この自殺した男性は、避難区域ではないので補償は出ないだろうと繰り返し言っていたとのことで、連絡を取るたびに「原発ですべて失った」と悩んでいたと伝えられている。

福島県民への差別「放射能がうつる」

福島の犠牲について、原発周辺地域住民の生活そのものの破壊、放射線被曝による健康上の問題、そして、いわゆる「風評被害」も含めた産業被害の問題を指摘してきたが、福島県民に対する差別も見逃すことはできない。

福島第一原発で水素爆発が発生し県内の放射能汚染が避けられない見通しになったとき、私はすぐに、被曝者に対する差別が起きるのではないかと想像し暗澹《あんたん》たる気持ちになった。農業・漁業・観光業の壊滅だけでなく、人間に対する差別がはじまるのではないか。ヒロシマ・ナガサキの被爆者・被曝者に次いで、これからは福島の被曝者が差別されていくことになるのではないか。そう憂慮したのだが、その後の報道で実際に危惧したとおりのことが起きたのを知った。全体像をつかむことは困難であるが、報道からいくつか事例を挙げておこう。

いわき市の運送会社が「放射線の問題があるので、いわきナンバーで来ないでほしい」という取引先の依頼を断れず、東京や埼玉でトラックを借りて荷物を積み替えていたケース、田村市に工場をもつ埼玉県の会社の福島ナンバーの車が首都圏のガソリンスタンド等で利用を拒否され、埼玉県内ナンバーを使うことにしたケース、南相馬市から千葉県船橋市に避難していた小学生の兄弟が公園で遊んでいたところ、「放射線がうつる」「わー」と叫んで逃げ去られ、ショックを受けて福島市に再避難したケース、南相馬市から群馬県に避難した女子児童が「福島県から来た」などとクラスの子どもから避けられたり陰口を言われたりして不登校になったケース（読売新聞、二〇一一年四月二一日。毎日新聞、同四月一三日など）。その他、アパートの入居で難色を示された、福祉施設で被曝線量を調べるスクリーニング検査の証明書を求められた、高速道路のサービスエリアで「福島の車は来るな」と罵声を浴びせられた、ホテルの宿泊を拒否された、ガソリンの給油を拒否された、等々。

これらは氷山の一角であり、表に出ないケースがむしろほとんどであろうと推測される。

「福島県民はどこに捨てるの」

なかでも愕然《がくぜん》とさせられたのは、インターネット掲示板の「福島県民＝ヒマワリと解釈したら政府の対応も納得できる」という書き込みである。そこでは次のようなやりとりがなされていた。

「え？福島県民植えればいいの？」

「福島県民は二〇日間で放射性物質の九五％以上を吸収する」

「三〇年もかからんよ」

「で、その成長した福島県民は、どこに捨てるの？」

「福島県民を焼却して出来た灰に処理剤を混合して、加熱するとガラスになる。そうなればもう出ることはないので、あとは地下格納庫でも作って積んでいけばいい」

（三月二六日）

これは、ヒマワリが土壌中の放射性物質を吸収するといわれていたことが背景にあり、福島県民をヒマワリに見立ててまず放射性物質を吸収させせ、それを焼却して灰にしてしまえば放射性物質を大幅に減らせるというのであろう。ナチスのホロコーストのパロディのつもりだろうか。

このぞっとするような書き込みも、ネット上に匿名で無責任にばらまかれる無数の暴言の一つにすぎないと言えば言えるだろう。しかし、鬱積した不満やルサンチマンをぶつける相手として差別の対象が求められていて、それが今回の原発事故をきっかけにして、このようなかたちで福島県民差別になって現われているのだとしたら、軽々に見逃すわけにはいかない。

その後も、「福島県は日本のゴミ箱」とか、「将来もし私の息子が福島で育った女の子と結婚したいと言ったら大反対する」などといった差別発言が、次々にネット上に現われている。

歴史的な差別意識の名残「東北土人」

このような差別発言の背景には、現在の社会状況に由来する鬱積した感情の他に、東北に対する歴史的な差別意識の名残もあるかもしれない。

今回の震災・原発事故の後、ネットで「東北土人」とか「福島土人」という言葉がかなり使われている。だれが使い始めたのかわからないが、そこには、東北は遅れた後進的な地域だと見下す意識が現われているのではないか。

それは歴史的にさかのぼれば、明治維新を成立させた内戦、戊辰戦争で、会津・庄内藩と奥羽越列藩同盟が官軍に敗北して以降、「白河以北一山百文」という言い方に象徴されてきた差別意識である。白河以北一山百文とは、『奥の細道』の入り口である白河の関、現在の白河市以北の東北地方は一山百文の値打ちしかない、貧しい後進地域だという意味である。被災者を「東北土人」や「福島土人」と呼んで馬鹿にし、面白がって恥じない意識は、現在においても「白河以北一山百文」的な差別意識がどこかに残っていることを示しているのではないか。

高度経済成長の結果、一九八〇年代までは「一億総中流意識」が広がり、東北もかつてのような「貧しい農村」のイメージで語られることは少なくなっていた。それにもかかわらず、日本人の意識のどこかに明治以来の東北への差別意識が潜んでいたのであろうか。

自然環境の汚染

福島という名前が、今やアルファベットでFUKUSHIMA（フクシマ）と表記されるようになった。「ヒロシマ、ナガサキ、フクシマ」とか、「スリーマイル、チェルノブイリ、フクシマ」とか言われるようになった。3・11は福島県民に核の大惨事をもたらしたのだということを、まずは銘記しなければならないと思う。

今回の事故で、福島第一原発から事故後一週間までに大気中に放出された放射性物質の総量は、七七万テラベクレル（一テラは一兆）とされている（六月六日、原子力安全・保安院による公表）。そして八月二五日付の東京新聞報道によると、福島第一原発一号機、二号機、三号機から放出されたセシウム一三七の放出量は、一万五〇〇〇テラベクレルであった。これを広島型原爆と比較すると、広島が八九テラベクレルなので、広島型原爆の一六八個分に相当する（政府発表）。これに対して北欧の研究者らは、世界の核実験監視網で観測したデータから逆算して、第一原発事故初期のセシウム一三七の総放出量は三万五〇〇〇テラベクレルに上り、日本政府の推計の二倍以上になる可能性があると発表している（『ネイチャー』電子版、一〇月二五日）。

ヨウ素一三一については、福島が一六万テラベクレル、広島が六万三〇〇〇テラベクレルで、福島は広島型原爆の二・五個分。内部被曝の原因となるストロンチウム九〇は、福島が一四〇テラベクレルで、広島が五八テラベクレルなので、福島は広島の二・四個分（前掲東京新聞）。熱量でいうと、福島は広島型原爆の二九・六個分（東京大学教授・児玉龍彦氏の、七月二七日、厚生労働委員会における発言）ともいわれている。

それに加えて今回の事故では、放射性物質が大量に海に流出していることも忘れることはできない。日本原子力研究開発機構などが九月八日までにまとめた報告によると、三月二一日から四月三〇日までに海に流出した放射性物質の量は一万五〇〇〇テラベクレル以上。想像を絶する量の放射性物質が、こうして大気中と海中に流出させられたのである。念のためにつけ加えれば、これらはあくまでも限られた期間の流出量にすぎない。現在でも量は減ったとはいえ、大気中及び海中に放射性物質が流出し続けているという事実がある。

3・11から約二ヶ月後、五月二日に私はいわき市の江名《えな》という港町を訪れた。じつは私はこの町で生まれ、一年後には東京中野に移ってしまったのでまったく記憶にはなかったのだが、いつかは一度訪ねてみたいと思っていたのだ。晩春の柔かな陽の光が射して、太平洋がキラキラと光って美しい日であった。だが、港は3・11の津波で瓦礫《がれき》の山、それに加えて第一原発からの放射能汚染水の大量放出で漁業も壊滅という惨状がそこにはあった。

私が小学校に入学し、前後四年間を過ごしたのは、江名から北へ四〇キロほどの富岡町。私の人生の記憶をさかのぼっていくと、そこに行きつく。当時はまだ第二原発はなかったし、第一原発もなかった。海辺も家の裏山も林も街も田んぼも学校の校庭もみな遊び場だった。だが今、それらの場所はみな放射性物質の透明なヴェールに覆われてしまった。

かつて実家があり、高校時代に住んだ福島市も、避難指示の対象外にもかかわらず、高い放射線量に苦しんでいる。七月に訪ねた折には、学校や住宅地の放射能汚染が大問題になっており、行政も遅まきながら除染に重い腰を上げ、また行政に任せてはおけないという市民たちが自主的に放射線被曝との闘いを始めていた。

想定外ではなかった大事故

このようにひとたび大事故が起これば、原発はまず周辺地域の人間と自然に深刻な被害をもたらすということ、だからこそ原発は大都市周辺を避けて、人口過疎な地方につくられてきたのだということ、このことは、原発がまさに周辺住民の犠牲を想定しなければ成り立たないものであることを示している。

大事故は「想定外」だったのではない。まさに大事故の可能性を想定したからこそ、東京電力は原発を東京湾岸にではなく、福島や新潟の沿岸部につくってきたのだ。関西電力は大阪湾岸にではなく、福井県の若狭湾《わかさわん》沿岸部につくってきたのだ。九州電力の場合も、北海道電力の場合も同様である。

原発を立地する際の基準を示した原子力委員会の文書「原子炉立地審査指針及びその適用に関する判断のめやすについて」には、この論理が明瞭に看て取れる（一九六四年五月二七日、原子力委員会決定。一九八九年三月二七日、原子力安全委員会一部改訂。文中の傍点は筆者）。

二　立地審査の指針

立地条件の適否を判断する際には、（中略）少なくとも次の三条件が満たされていることを確認しなければならない。

1　原子炉の周囲は、原子炉からある距離の範囲内は非居住区域であること。

ここにいう「ある距離の範囲」としては、重大事故の場合、もし、その距離だけ離れた地点に人がいつづけるならば、その人に放射線障害を与えるかもしれないと判断される距離までの範囲をとるものとし、「非居住区域」とは、公衆が原則として居住しない区域をいうものとする。

2　原子炉からのある距離の範囲内であって、非居住区域の外側の地帯は、低人口地帯であること。

ここにいう「ある距離の範囲」としては、仮想事故の場合、何らの措置を講じなければ、範囲内にいる公衆に著しい放射線災害を与えるかもしれないと判断される範囲をとるものとし、「低人口地帯」とは、著しい放射線災害を与えないために、適切な措置を講じうる環境にある地帯（例えば、人口密度の低い地帯）をいうものとする。

3　原子炉敷地は、人口密集地帯からある距離だけ離れていること。

ここにいう「ある距離」としては、仮想事故の場合、全身線量の積算値が、集団線量の見地から十分受け入れられる程度に小さい値になるような距離をとるものとする。

ここにははっきりと、「重大事故の場合」が想定され、「仮想」されている。そうした事故が「仮想」されているからこそ、原発は「人口密集地帯」から「離れて」、「低人口地帯」に、「非居住区域」に立地されねばならない、とされたのである。

原発はこのように、人口稠密《ちゅうみつ》な「中央」と人口過疎な「周辺」との構造的差別のうえにつくられてきた。そして、その構造的差別を覆い隠す役割を果たしてきたのが、いわゆる「安全神話」だった。地方自治体が電源三法交付金や固定資産税収入や雇用増加など経済的利益を当てにして原発を誘致してきたのも、「絶対安全」という前提があったからである。電力会社や政府の宣伝する「安全」を信じて、経済的利益に期待した。もちろん信じたといっても、どの程度信じたかは人さまざまであろう。完全に信じ切っていた人もいるかもしれないし、不安を覚えながらも、電力会社や政府が言うのだからと受け入れた人もいるかもしれない。

いずれにせよ、自治体としては「安全」を前提に原発を誘致したということは否定できないだろう。生活や街そのものを破壊されてしまっては、経済も何もあったものではないのだから。ところが、今回の福島原発事故は、まさにその前提であった「安全」が神話にすぎなかったことを暴露した。原発がひとたび「過酷事故」（シヴィア・アクシデント）を起こせば、立地自治体および周辺の住民はひとたまりもなく犠牲にされる。そして被害は一つの県全体に及び、さらに県境を越えて拡散し大都市圏にまで及ぶということ、このことを今回、東京首都圏の人間は痛感させられている。それどころか、被害は国境を越えて拡大し、広大な地域に及んでいくことを私たちはチェルノブイリで知ったし、おそらく今回も確認させられることになるだろう。

第二の犠牲――被曝労働者

原発が犠牲のシステムであるのは、第二に、被曝労働者の存在を前提にしているからである。

被曝労働者の問題はすでに一九八〇年前後から、いくつかのルポルタージュ作品によって取り上げられていた。たとえば、堀江邦夫『原発ジプシー』（一九七九年）や森江信『原子炉被曝日記』（一九七九年）、あるいは樋口健二『闇に消される原発被曝者』（一九八一年）、鎌田慧『日本の原発地帯』（一九八二年）などである。したがって、問題そのものは少なくとも一部では知られていたのだが、原発批判につながる言論がタブー化・周縁化されるなか、広く知られることはなかった。被曝労働者の実態が一部ではあれマスメディアを通して広く報じられたのは、福島原発事故の結果である。

それも最初は、海外の報道によって「フクシマ五〇」と呼ばれ、後に国内で「平成の特攻隊」「決死隊」などと呼ばれることによってであった。最悪の破局を防ぐために原発内で被曝しながら命をかけて作業している人たちがいる、彼らこそ英雄だ、という称賛の声が上がったのだ。

作家の佐藤優氏は「この危機を脱出するために、生命を日本国家と日本人同胞のために差し出さなくてはならない人が出てくる」と言って、国家のための死を「尊い犠牲」として顕彰する言説を展開した（佐藤優『3・11クライシス！』）。海江田万里経産相は、「現場の人たちは線量計をつけて入ると（線量が）上がって法律では働けなくなるから、線量計を置いて入った人がたくさんいる」として、「頑張ってくれた現場の人は尊いし、日本人が誇っていい」と称賛した（朝日新聞、七月二四日）。

ここには戦前・戦中の靖国のシステムと同質の犠牲の論理が現われているように思う。

靖国神社は戦争で倒れた日本軍兵士たちを、「お国のために」自己の生命を犠牲にした「英霊」として、その功績をたたえ、そのことを通じて、遺族を心理的に慰撫するだけでなく、国民を戦争に動員し、戦死者を出しつづける国家指導層の責任への問いかけを封じる役割を果たした。

原発事故において、大量被曝を覚悟しながら働かざるをえない人々を英霊予備軍としてたたえることは、自分たちは安全な場所にいて彼らの犠牲から利益を引き出す人々の責任を見えなくしてしまう。彼らの犠牲から利益を引き出す人々とは、まず第一に、電力会社や原発関連企業の幹部たち、中央政府の政治家・官僚たち、原子力委員会、原子力安全委員会などに名を連ねる学者・専門家たち、要するに、この事故の収束に最大の責任を負う人々である。

原発推進にかかわってきた地方の政治家（そのトップは県知事）と行政幹部もまた、ここに連なる人々であろう。佐藤栄佐久・前福島県知事が証言するように（前章参照）、原発危機では県ですら結局は二の次にされるという現実があるにせよ、原発推進に邁進した自治体の首長たちの責任は曖昧にされてはならない。

確認しよう。事故に際して破局を防ぐためには、だれかが被曝労働の犠牲を担わなければならないというのが原発というシステムなのだ。

恒常的に組み込まれた被曝労働

こうした被曝労働は、危機のときだけ必要とされるのではない。原発内部では、とくに事故が起こっていないときでも、ほぼ日常的に末端労働者は被曝労働を強いられ、健康被害に晒されており、被曝が原因と思われる病気や死亡例が後を絶たない。そのことがすでに先述のルポライターの人々の証言や取材によって明らかになっている。

末端の被曝労働者は電力会社の社員ではなく、下請け、孫請け、ひ孫請けの会社が集めた非正規労働者であったり、寄せ場から実態も知らされずに集められた日雇いの労働者であったりする。経済的弱者であるがゆえに被曝しながらでも働かざるをえない人々の犠牲がなければ、平時の原発でさえ成り立たないシステムなのだ。

3・11以後、三月中に被曝労働に当たった作業員約三六〇〇人のうち、一〇〇ミリシーベルトを超えた被曝者が一二四人いた。また三月から五月までで六〇〇ミリシーベルトを超えた人も二人いたとされている。四月二五日作成の経済産業省の試算では、五〇ミリシーベルトを超える人が約一六〇〇人。最近の厚生労働省の発表では、七月末までに第一原発に投入された作業員は一万六〇〇〇人で、一〇〇ミリシーベルト以上の被曝者は一〇八人。作業員のうち二〇〇人近くがその後の所在がわからないという報道もあり、東電の管理の杜撰《ずさん》さ、使い捨ての実態が垣間見《かいまみ》える。

これらの数字がほぼ実態を表わしているとして、これは何を意味しているのだろうか。

日本では原発労働者の被曝限度は、国際放射線防護委員会（ＩＣＲＰ）の勧告に基づき、五年間につき一〇〇ミリシーベルトを超えず、かつ一年間につき五〇ミリシーベルトを超えてはならないとなっている。一方、労災の認定基準は、たとえば白血病の場合、年間五ミリシーベルトである。こうした原発労働者の労災申請は因果関係が確定できないなどとして斥《しりぞ》けられることが多く、ほとんどが闇に葬られているといわれているが、過去三五年間で労災が認められたわずか一〇例を見ると、白血病六人、多発性骨髄腫二人、悪性リンパ腫二人。累積の被曝線量が最高の人は一二九・八ミリシーベルト、残り九人は一〇〇ミリシーベルト以下で、最低の人は五・二ミリシーベルト。

静岡県の浜岡原発で働いていて被曝し、一九九一年に白血病で亡くなった嶋橋伸之氏は、八年間の累積被曝量が五〇・九三ミリシーベルトだった（藤田祐幸『知られざる原発被曝労働』）。

こうしたデータをあてはめると、今回の福島原発事故収束のために作業に当たっている人たちからは、何千人もの労災認定者が出てもおかしくない。嶋橋さんと同じ基準をあてはめれば、何千人もの人が死亡することになってもおかしくない、ということになる。

福島のケースで政府は累積二五〇ミリシーベルトに基準を引き上げた。年間五〇ミリシーベルトが限度だというのに、二五〇ミリシーベルトまで我慢せよというわけだ。三月一七日前後、細野豪志首相補佐官は「二五〇ミリシーベルトでは仕事にならない」と引き上げを求め、菅首相が「五〇〇ミリシーベルトに上げられないか」と望んだのに対して、北沢防衛大臣の反対で引き上げが見送られたと報じられている（毎日新聞、七月二五日）。二五〇ミリシーベルトにせよ、五〇〇ミリシーベルトにせよ、これらの人々はすでに政府によって見捨てられていると言わざるをえないのではないか。

二重の被害

忘れてならないのは、原発で働く作業員のおよそ七割から八割は「地元」、原発立地および周辺の自治体出身者と見られることだ。

東電によれば、二〇一〇年七月の時点で第一原発の作業員は六七七八人、うち五六九一人が下請け会社の社員で、福島県出身者は五一七四人だった。つまり約七六パーセントが福島県出身者である。『原発ジプシー』の著者として知られる堀江邦夫氏によれば、堀江氏が所属した下請け会社の労働者約六〇人のうち、約七割が地元出身の農民や若者たちで、残りの三割が県外からの日雇い労働者だったという（堀江邦夫、水木しげる『福島原発の闇』）。また、今回の事故で作業員の健康診断をした医師の証言では、約八割が地元の人で、避難所から通っている人が多かったという。

つまり、原発事故の地元被災者が、被曝しながら事故の収束に当たらせられている、二重の被害者になっているということなのだ。

このように見てくると、原発というものが、内部にも外部にも犠牲を想定せずには成り立たないシステムであることがわかる。日常的にも、危機においても、原発はその内部に被曝労働者の犠牲を必要としている。そして、いったん大事故になれば、まず地元とその周辺の人々や環境が、そして放射性物質の拡散によって、県境や国境をも越えて、広大な地域の人々や環境が犠牲とされるのである。

しかし、原発に組み込まれた犠牲はこれだけでは終わらない。

第三の犠牲——ウラン採掘に伴う問題

第三に、原発は核燃料の原料となるウランの採掘現場で被曝の犠牲を引き起こす。日本がウランを輸入しているオーストラリア、カナダ、ナミビア、ニジェールなどでも、採掘労働者の被曝、放射能汚染に晒された周辺住民の被害等、深刻な問題が発生している。多くの場合、先住民族がとくに被害を被っている。

日本国内でも、かつて岡山県と鳥取県の境にある人形峠で行なわれていたウラン採掘によって、採掘労働に従事した周辺住民が被曝したり、放射線量のきわめて高いウラン残土が放置されるなど、問題が起きている（小出裕章「人形峠のウラン鉱山などの汚染と課題」二〇〇〇年)。このことを思い起こせば、ウラン採掘に伴う問題を無視することはできないはずだ。

ちなみに、戦争末期日本陸軍が核兵器の開発計画を進めていたことは周知の通りだが、当時、燃料のウランは、福島県南部の石川町で採掘が行なわれていた。ウラン採掘に動員されたのは旧制の私立石川中学の生徒たちだった。私はこのことを、学習会の講師として石川町を訪ねたときに、現地の方からうかがって初めて知った。福島県の人たちもほとんどはこの事実を知らないのではないだろうか。

第四の犠牲——放射性廃棄物をどうするか

第三の犠牲の種が原発システムの起点のウラン採掘にあるとすれば、第四の犠牲の種はこのシステムの終着点に、つまり放射性廃棄物にある。原発は「トイレのないマンション」にたとえられるが、危険な「核のゴミ」を最後にどう処理するか、人類はまだこの問いに確たる答えをもっていない。それなのに、日本はすでにこの列島に五四もの原発を稼働させてしまったのだ。行き場のない放射性廃棄物がどれほどの犠牲を生み出すか、だれにもわからない。ただ、それが犠牲の種であることだけははっきりしている。

日本政府は放射性廃棄物を地中に埋める「地層処分」を検討しているが、その候補地として現在の原発立地地域が多く想定されている。

『週刊現代』二〇一一年六月一一日号掲載の「あらかじめ見捨てられていた『東北の被災地』」という記事によれば、特殊法人・核燃料サイクル開発機構（現在、独立行政法人・日本原子力研究開発機構）が作成した報告書には、地層処分の「適正地」として全国八八ヶ所の地域が挙げられており、「その四分の一以上が東北と今回の被災地に集中している」という。

報告書で挙げられた都道府県の「適正地」数を書き出すと、一四ヶ所＝福島県、一一ヶ所＝北海道、一〇ヶ所＝鹿児島県、七ヶ所＝新潟県・高知県、五ヶ所＝岩手県・茨城県、四ヶ所＝岐阜県・広島県・愛媛県・宮崎県、三ヶ所＝秋田県、二ヶ所＝長野県・鳥取県・長崎県、一ヶ所＝青森県・宮城県・山形県・京都府となっており、福島県を筆頭にして、北海道と鹿児島県が突出している。また、今回の震災で大きな被害のあった岩手、宮城、福島、茨城の四県で二五ヶ所にのぼり、これは全体の三割に近い数字である。ちなみに、岩手県の「適正地」は釜石市、大船渡市、陸前高田市など、福島県の「適正地」は浪江町、双葉町、飯舘村などである。

私の眼には、日本政府が原発のリスクのみならず「核のゴミ」の危険をも地方に、そしてまたしても福島県に押しつけようとしているように見える。

「核のゴミ」を海外に押しつける

さらに、3・11後の五月九日、毎日新聞等が驚くべき事実を報道した。日本の経済産業省が昨年秋から米国エネルギー省と共同で、放射性廃棄物の国際的な貯蔵・処分施設をモンゴルに建設する計画を極秘に進めていた、というのだ。原発建設の技術供与と引き換えに、危険な「核のゴミ」を押しつけてしまおうというのだろうか。

モンゴルのウラン推定埋蔵量は一五〇万トン以上で、開発すれば世界トップ3のウラン供給国になるともいわれており、日米はこの計画でウラン燃料の安定確保も狙っているのだと推測される。そうなれば、モンゴルには原発というシステムに伴う何重もの犠牲が強いられることになるだろう。

これは、植民地主義というべきものではないだろうか。原発は国内においても、中央が周辺、地方、辺境を犠牲にして利益を得るという一種の植民地支配システムになぞらえうるが、ここでは国際的な貯蔵・処分施設を共同利用する日本、米国、その他の原発先進国が、モンゴルに対して植民地支配を行なうようなかたちになっているのではないか。

その後の報道によると、七月二七日、松本剛明外務大臣は、モンゴル政府が核廃棄物の受け入れを断ってきたことを明らかにした。そうは問屋がおろさなかった、ということだろう。

3・11以後の日本の課題

以上、四つの点から、原発が犠牲のシステムであることを考えてみた。このような犠牲なしには成り立たないシステムである以上、原発推進には大きな問題があったと私は考える。日本は今後、原発推進の国策を転換し、「脱原発」社会をめざすべきである。たとえ原発を廃炉にすること自体がまた難しく、犠牲とまでは言わないにせよ、甚大なコストを要することが確かだとしても。

歴史的に考えてみよう。「原発震災」という言葉を創って3・11を予言したともいえる地震学者、石橋克彦氏（神戸大学名誉教授）は、戦前・戦中の日本が「軍国主義」国家であったとすれば、戦後日本は「原発主義」国家であった、と喝破した（「まさに『原発震災』だ」『世界』二〇一一年五月号）。「軍国主義」も「原発主義」も、莫大な国費を投入して推進された国策であり、「不敗神話」や「安全神話」をつくり上げて一切の異論を排除し、「大本営発表」によって国民を欺き続けた挙句、破綻したという点で実によく似ている。私の言葉で言えば、軍国主義とはすなわちヤスクニという犠牲のシステムであり、原発主義とはすなわち原発という犠牲のシステムであった、ということになる。

こう考えれば、二〇一一年の3・11は、一九四五年の8・15に匹敵する意味をもつと言っても過言ではないだろう。8・15が軍国主義とその犠牲のシステムが破綻した敗戦の日であるとすれば、3・11は原発主義とその犠牲のシステムが破綻した「第二の敗戦」の日である。ここから、3・11以後の日本の課題も明確になる。8・15以後の失敗を繰り返さないこと、すなわち、責任者の遁走を許さず、犠牲のシステムの延命を阻止すると同時に、国民自身もそれぞれの責任を自覚して、犠牲のシステムに頼らない新たな社会の構築をめざすこと、これである。

ここで想起したいのは、沖縄のことだ。一九四五年の敗戦に際して、沖縄が「国体護持」の捨て石にされたことは周知の事実である。いま、二〇一一年の「第二の敗戦」に際して、捨て石にされようとしているのは福島ではないか。私はこういう疑念を禁じることができない。

植民地主義

ここで立てなければならないのは、次の問いである。すなわち、戦後日本の「国体」ともいうべき日米安保体制もまた犠牲のシステムであり、そこで犠牲とされたのはまさに沖縄ではなかったか（第二部参照）。

戦後沖縄は米軍の施政権下に置かれた。一九七二年の日本復帰後も、いまなお在日米軍専用施設の約七四パーセントを押しつけられている。その押しつけのやり口は、原発の地方への押しつけ方となんと似ていることか。経済的利益と引き換えであるとされること、しかし現実にはかえって経済的自立にとってマイナスとなること、構造的差別を隠蔽するために多くの意識工作（プロパガンダ）が行なわれること、等々。

もちろん、両者の違いを軽視することもできない。「銃剣とブルドーザー」で建設され、そのまま居座り続ける米軍基地と、立地自治体からの誘致を前提とする原発とは同じではありえない。だが、その他もろもろある違いを踏まえたうえで、両者の類似点を考えていくと、そこに浮かび上がってくるのはやはり一種の植民地主義ではないか、という思いを禁じえない。戦後日本国家は、一つには米軍基地の沖縄への押しつけというかたちで、もう一つには原発の地方への集中立地というかたちで、中心と周縁とのあいだに植民地主義的支配・被支配の関係を構築してきたのではないだろうか。

「植民地主義」という同じ言葉を使うことによって、私は、戦後日本における東京と福島、ヤマトと沖縄、旧日本帝国における日本と朝鮮・台湾といった諸関係を、同一視しようというのではまったくない。

福島は沖縄に対してはヤマトの一部として、朝鮮・台湾に対しては日本の一部として、植民地支配する側にあったのであり、沖縄でさえ朝鮮・台湾に対しては、日本の一部として植民地支配する側に位置づけられてしまう。このように「植民地主義」といっても、質的な違いがあることは言うまでもないのだが、にもかかわらず私があえてその言葉を使おうと思うのは、日本国家の植民地主義的性格がいかに根深いかを強調するためにほかならない。戦後日本においても植民地主義は、沖縄を犠牲とする日米安保体制というシステムとして、また原発という犠牲のシステムを国策とするというかたちで、今日まで生き残ってきたと言わざるをえないと思う。

日米安保体制と「海に浮かぶ原発」

日米安保をこのように見るならば、当然、米軍がもち込む「核」の問題を想起する必要がある。「核」のもち込みといえば何よりも核兵器のもち込みだが、ここでは原発との関連で「原子炉のもち込み」について触れておこう。

一九五五年から五六年にかけて、沖縄に原発を建設する構想が米国民政府内にあった（朝日新聞などの報道による）。モーア民政府副長官がレムニッツァー長官（米極東軍の最高責任者）に提言し、プライス下院議員を介して米国政府に検討を求めたものの、国務省と国防総省での検討の結果、斥けられたという。

日本のなかで唯一原発をもたない電力会社である沖縄電力も、日本原子力発電に社員を派遣して小型原発の設置を研究しているといわれるが、原発がなくても、沖縄がたえず原子炉からの放射能汚染の脅威に晒されてきたことは明らかである。日本復帰以降、沖縄には米軍の原子力潜水艦がすでに四〇〇回以上も寄港している。原子力潜水艦は原子炉でウランを燃やしてつくられる熱エネルギーを動力源としている。原潜の原子炉で事故が起これば、それは原発事故と原理的に同じことなのであり、原子力艦船は「海に浮かぶ原子力発電所」なのである。原潜が頻繁に寄港する沖縄は、そのリスクを押しつけられている。そして米軍の原子力艦船の寄港が、沖縄だけの問題でないことは言うまでもない。

原子力資料情報室の予測によれば、米海軍横須賀基地で原子力空母の原子炉の冷却装置が故障して、メルトダウンを起こし、格納容器が破裂して放射性物質が放出された場合、風向きによっては、三浦半島だけでなく、神奈川県、東京都、房総半島の大半で甚大な被害を引き起こす。三浦半島で年間を通して最も多い南南西の風を想定すると、東京を直撃し、やがて一二〇万～一六〇万人がガンで死亡するというのだ（上澤千尋、西尾漠「米軍原子力空母——原子炉事故の危険性と情報の非開示」二〇〇六年）。

横須賀には現在、二つの原子炉をもつ米軍の原子力空母ジョージ・ワシントンが配備されている。その原子炉事故の脅威は、横須賀に原発があるのと変わらないだろう。米国やソ連、英国の原子力潜水艦は、メルトダウン寸前という事故をすでに起こしているのである。

原発から「核の軍事利用」へ

日本は原子力発電を「核の平和利用」として推進してきた。それは、米国の「核の傘」の下に入ることで日本独自の核武装への懸念を払拭する意味でも、日米安保体制の枠組みと調和的な国策であっただろう。しかし、それはあくまで表向きのことであり、その裏側にはじつは「核の軍事利用」すなわち核武装の能力を確保しておこうとする政治勢力の野望が潜んでいたのではないか、という疑いも拭いきれない。

日本政府は従来、内閣法制局長官の国会答弁等を通じて、自衛のための必要最小限度の範囲内にとどまる限り核兵器の保有も憲法上禁じられてはいない、という見解を表明してきている。かつて福田赳夫首相は、「第九条によって、わが国は専守防衛的意味における核兵器はこれを持てる」と国会で答弁している（一九七八年三月一一日）。最近では、安倍晋三内閣、麻生太郎内閣等が議員の質問主意書への回答で従来の見解を確認し、核兵器の保有は自衛のための必要最小限度にとどまるならば、「必ずしも憲法の禁止するところではない」と表明している。要するに、日本が核武装していないのは非核三原則やＮＰＴ（核拡散防止条約）参加等の政策的選択であって、原理的には現憲法下でも核武装可能という立場を崩そうとはしないのだ。

戦後日本に原発を導入した政治家・中曾根康弘が、広島の原爆雲を見て、「この時私は、次の時代が原子力の時代になると直感した」と回想しているのは象徴的だ（朝日新聞、二〇一一年七月一七日「原発国家」）。中曾根は広島の原爆雲の下に広がった地獄絵を想像するよりも、日本が「原子力の時代」に乗り遅れてはならないと考えた。この時点での「原子力」が原子力発電ではなく、原子爆弾を意味したことは明らかだろう。一九七〇年、中曾根康弘防衛庁長官は核武装に関する日本の能力を「試算」し、五年以内に核武装できるが、実験場を確保できないために現実には不可能との結論に至ったという（中曾根康弘『自省録』）。

宮澤喜一首相は就任直前、日本にとって核武装は「技術的にも可能だし、財政的にもそんなに難しい話ではない」と述べている（『中央公論』一九九一年九月号）。小沢一郎・自由党党首（当時）は講演で、中国共産党情報部員との会談で次のように主張したことを紹介した。「あまりいい気になると、日本人はヒステリーを起こす。（日本が）核兵器を作るのは簡単だ。その気になったら原発のプルトニウムで何千発分の核弾頭ができる」（朝日新聞、二〇〇二年四月七日）。実際、日本政府によると、二〇一〇年末時点で日本が国内外に保有する（核分裂性）プルトニウムの量は約三〇トンにのぼる。八トンで核兵器一〇〇〇発相当だとすると、これだけでも四〇〇〇発近くの量に相当することになる。

原発は「核の潜在的抑止力」？

日本政府や政治指導者のこうした見解を見ていくと、原発推進は核武装の潜在能力を担保するためでもあるのではないか、という疑念はいっそう強まる。この疑念に対する答えとしてしばしば挙げられるのは、一九六九年に外務省内の外交政策企画委員会によって作成され、二〇一〇年に秘密指定が解除され開示された文書「わが国の外交政策大綱」である。表紙右上に「極秘・無期限」の指定があったこの文書の「安全保障に関する施策」の項に、次のような記述がある。「核兵器については、NPTに参加すると否とにかかわらず、当面核兵器は保有しない政策をとるが、核兵器製造の経済的・技術的ポテンシャルは常に保持するとともにこれに対する掣肘《せいちゅう》をうけないよう配慮する」（傍点は筆者）。一九六九年といえば、すでに高速増殖炉・常陽の計画が進み、やがて「もんじゅ」に至る核燃料サイクルのプロセスが始まっていた。「高速増殖炉の面で、すぐ核武装できるポジションをもちながら平和利用を進めていくことになるが、これは異議のないところだろう」といった発言も記録されている（鈴木孝・外務省国際資料部長、第四八〇回外交政策企画委員会、一九六八年一一月二〇日）。要するに政府内には、原発推進政策と、「核兵器製造の経済的・技術的ポテンシャル」を「常に保持する」という軍事目的とを結びつける流れが、たしかに存在するということである。

石破茂・自民党政調会長は、フクシマ以後の脱原発の動きを牽制し、「原発を維持するということは、核兵器を作ろうと思えば一定期間のうちに作れるという『核の潜在的抑止力』になっていると思っています。逆に言えば、原発をなくすということはその潜在的抑止力をも放棄することになる、という点を問いたい」と明言した（『SAPIO』二〇一一年一〇月五日号）。原発の存在自体が「核の潜在的抑止力」になっているとどのようにして証明できるのか、「一定期間」の前に原発自体を核攻撃されたら何の「抑止力」にもならないではないか、等々、すぐにいくつも疑問が湧いてくるが、ここではその議論には立ち入らない。確認したいのは、日本の原発を推進してきた政治勢力のなかに、「核の軍事利用」への絶ちがたい欲望が存在するということである。

ヒロシマの犠牲、ナガサキの犠牲、そしてフクシマの犠牲の後に、日本の核武装などということを認めるわけにはいかないと私は考えている。

第三章　原発事故と震災の思想論

東日本大震災。津波が押し寄せたいわき市の海岸
写真提供：朝日新聞社

一　原発事故の責任を考える

「なぜ、こんなことになってしまったのか」

福島原発事故は未曾有の大惨事となった。この惨状を前にして、なぜ、こんなことになってしまったのか、という疑問が浮かび上がってくるのは当然である。ここで考えておきたいのは、すでに第一章・第二章でも簡単に言及しておいたのだが、この福島原発事故を引き起こした社会的・公共的責任の問題である。

今回の事故に関して問われる社会的・公共的責任は、少なくとも二つの大きな側面を含んでいよう。一つは事故を引き起こしてしまった責任であり、もう一つは事故への対応をめぐって生じる責任である。ここで議論したいのは、主として前者の側面だ。福島原発事故は本書執筆の時点（二〇一一年秋）でなお現在進行形であり、政府や東京電力等が事故にどのように対応したのか、しているのかについては、なお不明な点が多いということもある。だがそれ以上に、そもそも本書の課題は、進行中の事故にいかに対応すべきかという問題よりも、今回の事故で可視化された犠牲のシステムとは何かという問題にあるからだ。もちろん二つの問題はつながっている面もあり、現在の事故への対応のなかに犠牲のシステムがあらわになっている面もあるので、その限りでは当然、現在の事故対応にも言及することになる。

責任の問題は、犠牲のシステムとの関係でいえばどうなるか。前章では、「四つの犠牲」というかたちで、原発という犠牲のシステムにおいて「犠牲にされる者（もの）」とはだれか、という問題を考えてみた。ここで考えてみたいのは、このシステムにおいて「犠牲にする者」とはだれだったのか、という問題である。

「犠牲にする者」とはだれだったのか。とはいえ私はここで、責任者の個人名を列挙しようというのではない。責任者の遁走を許さないためには、個人の責任を明らかにすることはもちろん必要である。文芸評論を専門とする川村湊氏は、「誰がこうした事態を引き起こした張本人なのか」を明らかにしようと、インターネット上の情報を中心にして、今回の事故の「責任者」の言動を詳細に調べ上げ、個人名を挙げて公開している（川村湊『福島原発人災記』）。広瀬隆、明石昇二郎両氏も、個人名を挙げて責任を追及している（広瀬隆、明石昇二郎『原発の闇を暴く』）。両氏は七月八日、東京電力幹部や原子力委員会等の委員長など三二名の刑事告発を行なった。刑事責任の追及は困難という見方も強いが、一定の賠償・補償金を支払えばそれで一件落着といった風潮に抗して、刑事責任に当たるかどうかを問うことにも十分意味があるだろう。

かつて哲学者カール・ヤスパースは、第二次世界大戦敗戦後のドイツでナチス・ドイツの罪を論じ、「刑法上の罪」「政治上の罪」「道徳上の罪」「形而上的な罪」の四つを区別した。刑法上の罪は裁判所、政治上の罪は戦勝国、道徳上の罪は個人の良心、形而上的な罪は神が最終の審判者とされた（カール・ヤスパース『戦争の罪を問う』）。これをそのまま福島原発事故にあてはめることはできないが、法的な責任が問われるケース、法的責任は問えないが政治的責任が問われるケース、法的にも政治的にも責任はないがいわゆる道義的責任、倫理的な責任はあるケースといった区別は十分考えられるだろう。

国策システムの問題であり、「原子力ムラ」という集団に責任があることを強調するあまり、決定権を有する個人の責任が不問に付されてはならない。ただ、私のここでの課題は、その責任ある個人を特定することではなく、今回の事態に責任を負う集団を、その責任の質に応じて腑分けしておくことである。

第一義的な責任は「原子力ムラ」にある

第一章でも指摘したように、福島原発事故を引き起こした第一義的な責任は、国策としての原発推進にかかわってきたいわゆる「原子力ムラ」のアクターにある。日本の原発はどんな自然災害に対しても安全だとする「絶対安全神話」を語り（騙《かた》り）ながら、そのじつ安全性を軽視して経済的利益を優先してきた彼らの無責任が、今回の人災を引き起こした最大の要因だと考えられる。

すなわち、原発政策全般に責任を有する政府、とりわけかつての通産省、現在の経済産業省の歴代担当官、国および地方で原発導入・推進から利益を上げてきた政治家たち、原子力委員会、原子力安全委員会、原子力安全・保安院等の歴代メンバー、そして、その国策を推進する実動部隊だった電力会社――この場合には東京電力、また原発施設の建設や修理を受注し莫大な利益を上げてきた原発関連企業、などである。

原発を稼働させるために安全性の承認を与え、原発安全神話にお墨付きを与えてきた学者・専門家たち、安全神話を国民に流布して莫大な広告費をせしめてきたマスメディアも「原子力ムラ」の重要なアクターである。そのマスメディアに再三登場し神話の流布に寄与してきた文化人・芸能人たちもここに含めることができるかもしれない。

忘れてならないのは、司法の責任である。安全性への疑問から運転差し止めなどを求めて起こされてきた原発訴訟で、原告側が勝訴したのは三五件中二件しかなく、その二件も上級審でくつがえされた。圧倒的に国寄り、行政寄りの判決が出されてきたのだが、福島原発事故で過去の判決の妥当性があらためて疑問に付されている。伊方原発訴訟最高裁判決（一九九二年一〇月二九日）は、原発の安全審査と設置許可に関して司法が国側の決定を追認していく出発点となったが、そのときの味村治判事が原発メーカー・東芝に天下っていた事実は、司法すら「原子力ムラ」の一部であったかと思わせるに足るものである（「原発と司法」については『週刊金曜日』第八六六号を参照）。

政治家・官僚の責任

佐藤栄佐久・前福島県知事は、福島原発の安全性をめぐって政府・東電と闘った体験から、「原発政策は国会議員さえタッチできない内閣の専権事項、つまり政府の決めることで、その意を受けた原子力委員会の力が大きい」、「そして、原子力委員会の実態は、霞ヶ関ががっちり握っている」と述べている（前掲『知事抹殺』）。中曾根康弘、正力松太郎ら導入期の政治家によっていったん路線が敷かれてからは、「霞ヶ関」すなわち通産省、現在の経産省、資源エネルギー庁の官僚たちが、原子力委員会等を使って、原発推進政策を実質的に牛耳ってきたということだろう。

官僚は「顔がない」といわれる。事務次官が一、二年で交代していくシステムは個人の責任を問うことを難しくするように見え、そのことがまたこのシステム全体を「無責任の体系」として延命させてしまう現実がある。だが、決定権者の責任を組織の責任に解消することはできない。甚大な被害を出して破綻に行きついた国策――それを意のままにしてきた歴代の「原子力官僚」の責任は免れない。もちろん、その国策の最終責任は、内閣の担当大臣たち、そしてつまるところ内閣総理大臣にあることは言うまでもない。

前章でも簡単に触れたが、政治家の責任としては地方政治家のそれも見逃すわけにはいかない。中央の政治家・官僚と連携し、地元に「夢と希望」を振りまいて、そこから利益を上げてきた地方政治家にも責任があることは明白だ。

福島第一原発は、佐藤善一郎知事（一九五七〜六四年在任）の時代に誘致が決まり、木村守江知事（一九六四〜一九七六年在任）の時代に建設され、運転が開始された。とりわけ木村知事は原発推進にはきわめて熱心だったことで知られている。経済的な困窮から脱するという意図からであるとはいえ、また原発のリスクについて自ら判断するだけの知識をもたなかったとはいえ、熱心に誘致してきた立地自治体の町長たちも、政治家としての結果責任があることは否定できない。

現在の佐藤雄平知事（二〇〇六年就任）は、事故後、県の復興ビジョンのなかに「脱原発」を明示し、政策転換を行なったとはいえ、就任後に、前任者の佐藤栄佐久知事（一九八八〜二〇〇六在任）が受け入れを撤回していたプルサーマル計画を承認するなど、原発推進の立場から県政をすすめてきたことを考えれば、その責任を免れることはできない。

政治家にせよ官僚にせよ、すでに鬼籍に入った人も少なくないが、その人たちも含めて、だれにどういう責任があったのかを明確にすること、責任について公共的な判断を下すこと、それが大切であると私は考える。

学者・専門家の責任

第一章でも強調したが、そもそも原子力発電という近代科学技術のシステムを構築、運営していくためには、学者・専門家の知識が不可欠である。政治家や官僚はこの点ではふつう素人にすぎない。リスクの評価、安全性にかかわる判断も、学者・専門家の専門的な判断によって、そのお墨付きを得て初めて承認されるので、原発システムについては学者・専門家の責任がある意味で最も重大であると言っても過言ではない。

原子力工学や関連分野の多くの学者・専門家の言動の一端は、前掲の川村湊『福島原発人災記』や広瀬隆、明石昇二郎『原発の闇を暴く』で明らかにされている。これらを見るだけでも、学者・専門家の判断が、それによって得られる自らの利益を求めて、政治、経済に従属してしまっていた面は否定できない。

放射線医学の専門家で事故後、南相馬市の除染作業をヴォランティアで指導・支援してきた児玉龍彦氏は、こう述べている。「今までの原子力学会や原子力政策のすべての失敗は、専門家が専門家の矜持《きょうじ》を捨てたことにあります。国民に本当のことを言う前に政治家になってしまった。経済人になってしまった」（児玉龍彦『内部被曝の真実』）。ことの真実を突いた言葉だと思う。

迷走した安全基準

学者・専門家の責任に関連して、事故発生後の放射線被曝の安全基準についての問題に触れておこう。放射線被曝のなかでも低線量被曝といわれるものの危険性をどう評価するかについて、学者・専門家の立場が分かれているという現実がある。

福島県で議論の的となったのは、山下俊一氏（長崎大学大学院教授を休職し、七月一五日、福島県立医科大学副学長就任）の立場である。チェルノブイリ原発事故の調査もてがけた国際的にも著名な被曝医療の専門家である山下氏は、福島県から県の放射線健康リスク管理アドバイザーとして招聘《しょうへい》され、事故発生直後の三月下旬から福島県内各地で講演し、「毎時一〇〇マイクロシーベルトまでは危険はありません」とか、「一〇〇ミリシーベルトの積算線量でリスクがあるとは思っていない」などと発言してきた(「毎時一〇〇マイクロシーベルト」は後に「毎時一〇マイクロシーベルト」と訂正された。「毎時一〇〇マイクロシーベルト」は年間では八七六ミリシーベルト、「毎時一〇マイクロシーベルト」は年間八七・六ミリシーベルトに当たる)。不安にさいなまれていた現地の人たちのなかには、これを聞いて、専門家が大丈夫というのだからと安心し、子どもを外で遊ばせたり、通常の生活を続けていた人も多かったという。

ところが、四月二二日には、政府が「年間の累積放射線量が二〇ミリシーベルトに達するおそれのある地域」を「計画的避難区域」に設定し、山下氏が安全だと言っていた飯舘村などの避難が避けられなくなった。また、文部科学省は四月一九日付で、学校の校庭利用の暫定的な目安として、放射線測定値の年間積算量が二〇ミリシーベルト以下という基準を福島県に通知した(「福島県内の学校の校舎・校庭等の利用判断における暫定的考え方について(通知)」)。こうして、安全説を強調していた山下氏に対する福島県民の不信が増大していったのである。

さらに、二〇ミリシーベルト以下という政府の示した基準についても、当時、内閣官房参与だった小佐古敏荘氏（東京大学大学院教授・放射線安全学）が、受け入れがたいとして抗議の辞任をした。

「年間二〇ミリシーベルト近い被ばくをする人は、約八万四千人の原子力発電所の放射線業務従事者でも、極めて少ないのです。この数値を乳児、幼児、小学生に求めることは、学問上の見地からのみならず、私のヒューマニズムからしても受け入れがたいものです」（四月二九日付「内閣官房参与の辞任にあたって」）

小佐古氏は、これまでの原発裁判では国側の証人として原発の安全性を主張する立場にあった人物だが、その小佐古氏が「容認すれば学者生命は終わり。自分の子どもをそういう目に遭わせたくない」とまで言って辞任したのである。

山下発言の何が問題か

二〇ミリシーベルト以下という文科省の通知、それでも危ないという小佐古氏の辞任会見があって、福島県では、それでは一〇〇ミリシーベルト以下なら安全と言っていた山下氏の話は何だったのかという疑問が噴出することになった。それに対して山下氏は次のように答えた。

「みなさんへ基準を提示したのは国です。私は日本国民の一人として、国の指針に従う義務があります。科学者としては、一〇〇ミリシーベルト以下では発がんリスクは証明できない。だから、不安をもって将来を悲観するよりも、今、安心して、安全だと思って活動しなさいとずっと言い続けました。ですから、今でも、一〇〇ミリシーベルトの積算線量で、リスクがあるとは思っていません。これは日本の国が決めたことです。私たちは日本国民です」（五月三日、二本松市での講演より）

私はもちろん、低線量被曝に関して専門的見地から判断できる立場にはない。すでに述べたように専門家のあいだでも見解は分かれている。私が山下氏の発言で最も問題だと考えるのは、「一〇〇ミリシーベルト以下なら安全だ」という主張でもなければ、「ニコニコしている人のところには放射能は来ない。クヨクヨしている人のところに来る」といった言葉でもない。まさに、「私は日本国民の一人として、国の指針に従う義務があります」、これである。「これは日本の国が決めたこと」だから、それに従うのは「国民の義務」だと福島県民に訴えている部分である。

市民が科学者に期待すること、とりわけ政府や電力会社の発表が信頼性を失っているときに期待することは、行政的・営利的視点からではない、それらからは独立した専門的見地から、市民の安全を第一に考えた見解を示してくれることではないだろうか。学者・専門家には、もしも政府や電力会社の発表が専門的見地から見て首肯できない場合には、そのことを指摘し、それとは別の見解を市民に示す責任があるはずだ。

そうした期待を寄せられ、そうした責任を負うはずの科学者が、とくに福島県の「放射線健康リスク管理」についてのアドバイザーとして招聘された人物が、「自分は国民として国の決定に従います」と言ってしまったのでは、科学者である意味がなくなってしまう。児玉氏が言ったように、科学者でありながら政治的ないし行政的立場での判断を優先させてしまっているのだ。

河上肇「日本独特の国家主義」

山下氏の発言から私が想起したのは、ちょうどその一〇〇年前の一九一一年に発表された河上肇の「日本独特の国家主義」という文章である。日清・日露戦争に勝利をおさめ、列強の一員となった日本では、一九一〇年、韓国併合が断行され、また大逆事件が起こされて国家主義が高まっていた。その翌年、当時三一歳の京都帝大助教授であった河上は、この国家主義の台頭のなかに日本人の「国家教」の成立を見て、いまや日本人は「国家のために生き、国家のために死するを以て理想となす」に至った、と論じた。そこに次のような一節がある。

日本人の眼中脳中心中最も高貴なるものは国家を措《お》いて他あらず。故に日本人は国家のために何事何物をも犠牲とすといえども、何事何物のためにも国家を犠牲とするを肯《がえ》んぜず。国家は彼らがあらゆる犠牲を供する唯一神にして、彼らは国家を犠牲とすべき他の神あることを夢想だもするあたわず。彼らにとりて最上最高最大の権威を有する者は国家にして、国家以上に権威を有する者あるべしとは彼らの決して想像しあたわざる所なり。故に学者はその真理を国家に犠牲し、僧侶はその信仰を国家に犠牲す。

（河上肇「日本独特の国家主義」『河上肇評論集』）

河上がこう喝破してから一〇〇年後の今日、なお日本の学界には、「その真理を国家に犠牲す」という「国家教」に縛られている学者が少なくないことを、今回の原発事故はあらわにしたのかもしれない。

市民の責任

私は第一章に引いた「原発という犠牲のシステム」の終わりに、こう書いた。
「原発を推進するのは、政治家、官僚、電力会社、学者などから成る『原子力ムラ』である。とすれば、大事故の際にはまっさきに、次の人々が『決死隊』として原子炉に送り込まれる。内閣総理大臣、閣僚、経産省等の次官と幹部、電力会社の社長と幹部、推進した科学者・技術者たち。原発を過疎地に押しつけて電力を享受してきた（筆者を含めた）都市部の人間の責任も免れない」

これについて、「都市部の人間の責任も免れない」というのは、責任の所在を曖昧にする一億総懺悔論《ざんげろん》につながるのではないか、という懸念をもつ人がいるかもしれない。

だが、私の意図は一億総懺悔ではない。原発推進にのめりこむあまり、原発に組み込まれた犠牲と犠牲の可能性（リスク）を過小評価したり、甘く評価してきた人々、先ほど挙げた「原子力ムラ」の人々が、原発事故について第一義的な責任を有することはすでに述べた通りで、疑うべくもない。

過疎地の原発から電力を享受してきた都市部の人間にも責任がある、と私が述べるときの責任とは、それとは別のものだ。「原子力ムラ」の人々が負う第一義的責任と、都市部の一般の人間の責任とは、異質なものとして区別しなければならない。

だからこそ、デンマークの陸軍大将フリッツ・ホルムが提唱したという「戦争絶滅受合法案」を引き合いに出したのである。ホルムの「法案」はこういうものだった。

「戦争が開始されたら一〇時間以内に、次の順序で最前線に一兵卒として送り込まれる。第一、国家元首。第二、その男性親族。第三、総理大臣、国務大臣、各省の次官。第四、国会議員、ただし戦争に反対した議員は除く。第五、戦争に反対しなかった宗教界の指導者」

ここに示されているのは、責任にはその権限や立場に応じて軽重があり、また、その人が何をしてきたか（戦争に反対したか、反対しなかったか）などに応じても違いがある、ということだ。私がホルムの「法案」を引いたのは、内閣総理大臣の責任も、都市部の人間の責任も同じだと言うためではなく、それぞれの立場に質と程度の異なる責任がある、と言うためだった。

ただし、「問題は、しかし、誰が犠牲になるのか、ということではない。犠牲のシステムそのものをやめること、これが肝心なのだ」ということは確認しておきたい。

無関心だったことの責任

では、電力を享受してきた都市部の一般市民の責任とはどういうものなのだろうか。一つには、知ろうと思えば知ることができた情報がありながら、原発のリスク、言い換えれば、そこに組み込まれた犠牲とその可能性について十分に考えてこなかった、甘く見ていた、無関心であったことについての責任があると考えられる。

原発が大事故を起こす可能性があること、いったん事故が起きればどういう脅威にさらされ、どれほどの惨事を招くかについては、一定の年齢に達した人であれば、スリーマイル島原発事故（一九七九年）や、何よりもチェルノブイリ原発事故（一九八六年）によって知ることができたはずだし、とくにチェルノブイリ原発事故の後では、この国でも原発批判の議論が巻き起こったから、知る機会は十分あったはずである。

また日本国内でも、福島原発の事故以前に、全国各地の原発および関連施設でたびたび事故が起こっていて、しかもそれらが電力会社によって隠蔽されたり、記録が改竄されるなど、いくつものスキャンダルがおおやけになっていた。これらのことは、新聞・テレビなど一般の報道に接していさえすれば、十分に開示されていたとまではいえなくとも、まったく知ることができなかったとはいえない。

とくに一九九九年九月三〇日の東海村ＪＣＯ臨界事故では、ウラン燃料の加工作業に従事していた技術者、大内久氏、篠原理人氏の二名が死亡し、東海村の住民六〇〇人以上が被曝した深刻な事故となったため、マスメディアもこれを大きく取り上げた。大内氏が中性子線の大量被曝によって、懸命の治療を受けながらも悲惨な最期を余儀なくされた経緯は、ＮＨＫのドキュメンタリー番組でも報じられたし、その記録は現在、文庫本で読むこともできる（ＮＨＫ「東海村臨界事故」取材班『朽ちていった命』）。ＪＣＯ事故で放射能被曝の恐ろしさを少しでも感じたとしたら、原発のリスクについて、そこから考え始めるきっかけには十分なったはずだ。

それにもかかわらず、私を含めて都市部（たとえば首都圏）の大半の人間は、地方（たとえば福島）に立地する原発から供給される電力の利益を享受するのみで、原発のリスクについて考えることを怠ってきた、甘く見ていた、あるいは無関心だった。そのことの責任はやはり免れないように思われる。東京・首都圏の人間も、福島原発事故で放射能汚染にさらされ、被害を被っているけれども、だからといって、当の事故に責任がないわけではないのだ。

地元住民の責任

電力の利益を享受するのみで原発のリスクを十分に考えてこなかった責任。甘く見ていた責任。無関心だった責任。これを厳格に考えれば、問題は都市部（首都圏）の人間だけにとどまらないことも明らかだ。こうした責任は地方の住民にも、原発立地地域の住民にも、したがって福島県の住民や、事故を起こした福島第一原発の地元住民にもある。

前章までに見たように、福島県民はさまざまな意味と程度において第一原発事故の被害者となっているが、だからといって、事故発生にかかわる責任がまったくないとはいえない。福島県内は東京電力ではなく東北電力の管内だから、県民は第一原発および第二原発の電力の恩恵には浴していない。だが東北電力管内にも女川《おながわ》原発（宮城県女川町・石巻市）があり、福島県民も直接間接にその利益を享受している。それ以上に、福島原発（第一、第二）の立地自治体は原発の存在から多大の経済的恩恵を受けており、福島県自体も交付金を受けていた以上、福島県の住民は、その自覚がない人でも、多かれ少なかれその恩恵を受けてきたのが現実である。飯舘村の住民でさえ、県民の一人としては、わずかであっても原発の利益を得てきたことは否定できないのである。にもかかわらず、立地自治体住民も県民も、その大多数は、原発のリスクについて十分には考えてこなかったし、甘く見てきたし、無関心であった。東京・首都圏の人間だけでなく、福島の人間もまた、事故の被害者でありながら、事故を引き起こすに至った責任の一半を分有しているのである。

政治的な責任

では、原発についての知識をもって原発の危険性を強く意識し、これに反対する主張や活動をしていた人々についてはどうだろうか。そうした人々を、福島原発事故を防げなかったからといって、自分の責任を棚に上げて糾弾しようという人はいないだろう。国策のもと、国を挙げてつくられた安全神話の圧倒的な圧力のもとで、異端視され排斥されながらも危険性を訴え続けた人々の存在は、深い尊敬に値する。それは、そうした声に十分耳を傾けてこなかった私たちにとって、自己反省の鏡とすべきものである。

とはいえ、責任論の観点から厳しく言えば、日本の戦争責任についてかつて丸山眞男が主張したように、そして、その丸山も参照したヤスパースがいち早く論じていたように、反対した人々にも、国の政策を変えることができなかった政治的な責任はある、という議論も忘れることはできないだろう。ヤスパースは次のように書いている。

あるいはまた「災厄を見抜きもし、予言もし、警告もした」などというが、そこから行動が生まれたのでなければ、しかも行動が効を奏したのでなければ、そんなことは政治的に通用しない。

（前掲『戦争の罪を問う』）

これは、沖縄への米軍基地集中の問題について、ヤマトで反対の主張や活動をしてきた人々がいまだに現状を変えられないことについて、反対してきたからといって政治的な責任を免れないのと似た構図であろう。

たとえば、小出裕章氏（京都大学原子炉実験所助教）は、原子力研究者でありながら原発に反対し、できるだけ電力を使わないように自転車通勤するなどして一貫して反対活動を続けてきたために、学界で周辺化される悲哀を味わってきた人だが、その小出氏自身は、自分が反対活動をしながらこのような事故を起こしてしまったことについて心から責任を感じると表明している。このことは、責任というものをどうとらえるかについて大きな示唆を与えている。

もちろん、原発由来の電力を享受してきたからといって、子どもたちや、また種々の理由から原発のリスクについて知るチャンスすらなかった人についてまで、今回の事故の責任があるとは言えないだろう。しかし、そうした人々もまた、このような大事故が起こった以上は、原発というシステムを今後維持していくべきかどうかについて、少なくとも自らの問題としてそれを考えていく責任が生じた、とは言えるだろう。

二　この震災は天罰か――震災をめぐる思想的な問題

「犠牲のシステム」という私の考え方は、「犠牲」（sacrifice）という観念、思想、制度、それらについての一般的な関心を背景にしている。こうした観点からすると、今回の東日本大震災と福島原発事故をめぐって、日本のみならず世界的にも注目すべき議論が出てきた。今回の震災が「天罰」であるという議論である。

震災を天罰だとする主張には、一種の「犠牲の論理」が見出《みいだ》される。震災と原発事故をめぐる思想的な問題はほかにもあるが、ここではまず、いわゆる「天罰論」をめぐって考察してみたい。

石原都知事の天罰発言

震災を天罰とみなす発言は、今回、日本だけでなく国外にも見られた。まず日本国内で真っ先に注目されたのは、三月一一日の直後、三月一四日の石原慎太郎東京都知事の発言である。

石原慎太郎・東京都知事は一四日、東日本大震災に関して、「日本人のアイデンティティーは我欲。この津波をうまく利用して我欲を一回洗い落とす必要がある。やっぱり天罰だと思う」と述べた。都内で報道陣に、大震災への国民の対応について感想を問われて答えた。

発言の中で石原知事は「アメリカのアイデンティティーは自由。フランスは自由と博愛と平等。日本はそんなものはない。我欲だよ。物欲、金銭欲」と指摘した上で、「我欲に縛られて政治もポピュリズムでやっている。それを（津波で）一気に押し流す必要がある。積年たまった日本人の心のあかを」と話した。一方で「被災者の方々はかわいそうですよ」とも述べた。

石原知事は最近、日本人の「我欲」が横行しているとの批判を繰り返している。

（朝日新聞、三月一五日）

石原知事は、「被災者の方々はかわいそうですよ」とも述べてはいるが、この天罰発言に対しては当然ながら、「では被災地の人々は何か悪いことをして罰を受けたというのか」という反発が起こった。そして石原知事はこの発言を撤回せざるをえなかったのである。「ババアは有害」「障害者に人格はあるのか」などの発言でしばしば物議を醸してきた石原都知事だが、今回は、自ら四選をめざして立候補を表明していた東京都知事選の直前だったせいか、珍しく謝罪・撤回の表明が速やかだった。

政治家の発言である以上、政治的な利害計算がそこに潜んでいることは当然考えられるのだが、石原氏は従来、日本では戦後、我欲にとりつかれた人間が国全体を堕落させているという、「我欲」に対する批判を繰り返してきた。我欲を捨てるために徴兵制をしいて若者を鍛えたらよいという議論すら行なってきた人だから、これは元来の持論だとも言える。

震災は天の恵み？

そうかと思うと、数日後、三月二〇日には、大阪府議会の長田義明議長が、一見すると石原都知事の天罰発言とはまったく逆の、「東日本大震災は大阪にとって天の恵みであった」という発言をした。

四月一〇日投開票の大阪府議選に出馬予定の長田義明府議会議長（自民）が、東日本大震災を府庁舎の全面移転問題と絡めて「大阪にとって天の恵みというと言葉が悪いが、本当にこの地震が起こってよかった」と発言していたことが、二一日までに分かった。長田氏は同日、「出すべき言葉ではなかった。物議を醸して申し訳ない」と陳謝した。

（時事通信、三月二一日）

長田氏は直ちに陳謝して発言を撤回したが、出馬予定だった府議選で自民党の公認を取り消されてしまったという。

いずれも政治家の発言だが、石原氏は天罰論、長田氏は天恵論で、両者は真逆のベクトルをもつ発言になっている。しかしここには、やはりこの種の発言のもつ問題点があらわれているように思われる。

宗教者の発言――カトリック

国外に目を向けると、イタリアで国立研究会議（CNR）の副会長を務めているロベルト・デ・マッテイ氏が、東日本大震災について、「これは神の善意の声であり、天罰だ」と語ったと伝えられた。デ・マッテイ氏は、三月一六日に行なったラジオ講話で、「神は罪深い者だけでなく、徳のある罪なき者も罰する」などと述べ、被災者は一種の「犠牲」だ、サクリファイスだと述べた。イタリアではこの発言に反発する人々が約五〇〇〇人もの署名を集めて抗議するなど、さまざまな批判も出たという（毎日新聞、三月二八日夕刊）。

デ・マッテイ教授は、歴史家として著名な人で、カトリック系の教会史の専門家として知られている。ただ、同氏は以前に、いわゆる進化論を否定する天地創造説を主張して論議を呼んだことがあるというから、キリスト教保守派の思想の色濃い人物といえるだろう。

これはキリスト教カトリックという、ヨーロッパ文化の一つの柱となるような思想伝統のなかから出てきた議論として無視できない意味をもっている。

宗教者の発言――プロテスタント

さらに韓国では、汝矣島《ヨイド》純福音教会の趙鏞基《チョヨンギ》牧師が一種の天罰論を展開し、物議をかもした。コリア・タイムズ（三月一四日）の記事によれば次の通り（筆者訳）。

日本で最近起きた地震について、韓国の著名な牧師が「日本国民の偶像崇拝」に対する神の警告であると語って論議を呼んでいる。（中略）

趙牧師は地震についてのコメントを求められ、まず、前例のない災害によって多くの人命が失われ、財産が破壊されたことは残念だと述べたうえで、こう語った。「しかしまた、この大地震は、物質中心主義、無神論、偶像崇拝に走った日本国民に対する神の警告であるように思われる。宗教的観点からいえば、日本国民は近年、あまりにも神への信仰を失ってしまった」

趙牧師はまた、日本の地震よりも大きな「精神的」地震が韓国に起こり、韓国人が罪を悔い改めるチャンスを神が与えてくれるにちがいないと強調した。（中略）

あるネチズンは、自分がクリスチャンとして牧師のことを恥ずかしいと感じると書き、また別のネットユーザーは、神が非信仰者を趙牧師の言うようなやり方で罰するなら、自分はもう教会に行こうとは思わないと書いている。

牧師に対する批判が高まったため、インターネット新聞は論議を呼んだ彼の発言を削除した。

韓国ではキリスト教が日本に比べてはるかに広く浸透していることはよく知られた事実であるから、これもまた無視できない発言だ。この発言の背景には、日本と韓国のあいだの歴史問題が潜んでいるかもしれない。

知識人の発言

政治家や宗教者だけではなく、日本の学者、知識人にも、「天罰」として受けとめるべきだという発言があった。仏教学・仏教史学を専門とする末木文美士《すえきふみひこ》氏（国際日本文化研究センター教授）の発言がそうである。

末木氏は、大震災の犠牲者に哀悼の意を表し、また原発事故の終息と被災地の復興を願っているとしたうえで、次のように述べている。

石原慎太郎東京都知事が震災を「天罰」と発言したことで批判を浴び、取り消した。確かに氏の言い方は誤解を招きやすく、被災者を傷つけるところがあった。しかし、天罰という見方は、必ずしも不適当と言えない。もちろん被災地の方が悪いのではない。今日の日本全体、あるいは世界全体が、どこか間違っていたのではないか。経済だけを優先し、科学技術の発達を謳歌《おうか》してきた人間の傲慢が、環境の破壊や社会のゆがみを招き、そのひずみが強者にではなく、弱者にいっそう厳しい形で襲い掛かってきたと見るべきではないか。

日蓮の『立正安国論』では、国が誤れば、神仏に見捨てられ、大きな災害を招くと言っている。その預言を馬鹿げたことと見るべきではない。大災害は人間の世界を超えた、もっと大きな力の発動であり、「天罰」として受け止め、謙虚に反省しなければいけない。だから、それは被災地だけの問題ではなく、日本全体が責任を持たなければならないことだ。

（中外日報、四月二六日）

末木氏は仏教思想研究の泰斗であり、この発言も無視できない重要性をもっている。石原氏や長田氏の発言に対しては、政治家が被災地の人々の思いに鈍感で、政治的な動機から無神経な失言をしたという受けとめ方も可能かもしれない。だが、デ・マッテイ氏や末木氏らの発言はそうはいかない。これらを見れば、実はこの問題は天災等が起こった場合に、それをどう受けとめるかという思想的な問題にかかわっていることがわかるだろう。

内村鑑三の天譴論《てんけんろん》

さて、私はここで、以上の発言について逐一問題にするつもりはない。むしろ、天罰論の典型的な論理を考えるために、一九二三年の関東大震災の時点に戻ってみたい。

関東大震災が近代日本における最大の天災の一つであったことはいうまでもない。相模《さがみ》湾沖《わんおき》を震源とする大地震と引き続き発生した火災等により、死者一〇万人以上、被災者およそ二〇〇万人という空前の大惨事になったことはよく知られていよう。それだけに当時の社会、人心に大きな衝撃を与え、天罰論あるいは天譴論が提起されて盛んに議論されたのだった。

ここで取り上げたいのは、内村鑑三の「天災と天罰及び天恵」という文章である。関東大震災発生からちょうど一ヶ月後、一九二三年一〇月一日発行の『主婦之友』（第七巻第一〇号）に掲載された。

内村鑑三は周知のように、日本近代の最も著名なキリスト者であり、その後の日本思想史にも重要な足跡を残した無教会派の流れの創始者ともいえる人物だ。『後世への最大遺物』『代表的日本人』あるいは『余は如何《いか》にして基督《キリスト》信徒となりし乎《か》』など、今日なお広く読まれ続けている古典的著作も残している。キリスト教思想家としても、代表作『ロマ書の研究』など、世界的に見ても遜色ないキリスト教神学の論者でもあった。

そのような近代日本の「偉人」の一人ともいうべき内村鑑三が、関東大震災に際して、どのような天罰論ないし天譴論を展開したのか。しばらく内村の議論を追ってみよう。まず内村は、「天災は読んで字の通り天災であります」と書き出して、それが自然現象であることを確認することから始めている。

天災は読んで字の通り天災であります。即《すなわ》ち天然の出来事であります。之《これ》に何の不思議もありません。地震は地質学の原理に従い、充分に説明する事の出来る事であります。地震に正義も道徳もありません。縦《よし》、東京市は一人の悪人なく、其《そ》の市会議員は尽《ことごと》く聖人であり、其の婦人雑誌は尽く勤勉と温良と謙遜とを伝うる者であったとするも、地震は起こるべき時には起こったに相違ありません。

(引用にあたり読みやすさを考慮して、表記を適宜改めた。以下同じ)

「天災」という語の「天」には、「天罰」や「天恵」のようには、神の意志というニュアンスは含まれていない。天災の「天」は天然すなわち自然現象であり、「地質学の原理」にしたがって起こるものだから、そこに「正義も道徳も」ないのだと内村は言う。

地震に正義も道徳もない以上、たとえ東京に一人の悪人も存在せず、東京が道徳的に見て非の打ちどころがなかったとしても、地震は起こるべきときに起こったであろう——これは裏返せば、仮に東京に悪人ばかりがのさばっていたとしても、結論は同じだということである。地震には「正義も道徳も」ないのである。内村が「婦人雑誌」の例を引いているのは、この文章が『主婦之友』という婦人雑誌に掲載されたからだと思うが、現代でいえば、テレビを代表格とするマスコミ一般ということになろうか。

このように内村は至極当然のことから説き起こしているが、「東京市は一人の悪人なく、其の市会議員は尽く聖人であり、其の婦人雑誌は尽く勤勉と温良と謙遜とを伝うる者であったとするも」という言い方には、「旧約聖書・創世記」に出てくるソドムとゴモラの物語が意識されているかもしれない。

背徳の町、ソドムとゴモラに天罰を下してこれを滅ぼそうとする神に対して、アブラハムは情状酌量を願い出る。

アブラハムは進み出て言った。

「まことにあなたは、正しい者と悪い者を一緒に滅ぼされるのですか。あの町に正しい者が五十人いるとしても、それでも滅ぼし、その五十人の正しい者のために、町をお赦しにはならないのですか。正しい者を悪い者と一緒に殺し、正しい者を悪い者と同じ目に遭わせるようなことを、あなたがなさるはずはございません。全くありえないことです。全世界を裁くお方は、正義を行われるべきではありませんか。」

主は言われた。

「もしソドムの町に正しい者が五十人いるならば、その者たちのために、町全部を赦そう。」

アブラハムは答えた。

「塵《ちり》あくたにすぎないわたしですが、あえて、わが主に申し上げます。もしかすると、五十人の正しい者に五人足りないかもしれません。それでもあなたは、五人足りないために、町のすべてを滅ぼされますか。」

主は言われた。

「もし、四十五人いれば滅ぼさない。」

アブラハムは重ねて言った。

「もしかすると、四十人しかいないかもしれません。」

主は言われた。

「その四十人のためにわたしはそれをしない。」

アブラハムは言った。

「主よ、どうかお怒りにならずに、もう少し言わせてください。もしかすると、そこには三十人しかいないかもしれません。」

主は言われた。

「もし三十人いるならわたしはそれをしない。」

アブラハムは言った。

「あえて、わが主に申し上げます。もしかすると、二十人しかいないかもしれません。」

主は言われた。

「その二十人のためにわたしは滅ぼさない。」

アブラハムは言った。

「主よ、どうかお怒りにならずに、もう一度だけ言わせてください。もしかすると、十人しかいないかもしれません。」

主は言われた。

「その十人のためにわたしは滅ぼさない。」

主はアブラハムと語り終えると、去って行かれた。アブラハムも自分の住まいに帰った。

（新共同訳『旧約聖書』創世記第一八章第二三～三三節）


このようにアブラハムは、神と交渉して、ソドムとゴモラの町が滅ぼされずともすむように基準を下げていくが、しかし結果的には、ソドムとゴモラは罰せられ、神によって滅ぼされた。つまり、正しい者は一〇人もいなかった。ソドムの町を脱出できたのは、ロトとその妻、娘二人の計四人だけであったという。

この物語の論理でいえば、仮に東京市に一人の悪人もいなかったとすれば、神はこれを罰しなかったと言えるかもしれない。しかし内村は、まずはこうした論理を否定することから始めるのだ。地震はあくまで自然現象であり、道徳的な善悪とはかかわりなく生ずるものだ、と。

堕落した都市・東京

しかしながら、問題はこの先である。内村は大地震、この場合、関東大震災は、それ自体は「無道徳の天然の出来事」であるにもかかわらず、これに遇《あ》う人、すなわちこれを受けとめる人によって、「恩恵にもなり又刑罰にもなる」と述べ始める。そして、「地震以前の東京市民は著しく堕落して」いたがゆえに、「今回の出来事が適当なる天罰として、彼らに由《よ》って感ぜらるる」というのだ。

然《しか》し乍《なが》ら無道徳の天然の出来事は之に遇う人に由って、恩恵にもなり又刑罰にもなるのであります。そして地震以前の東京市民は著しく堕落して居りました故に、今回の出来事が適当なる天罰として、彼等に由って感ぜらるるのであります。

自らも東京市民の一人であった内村だが、ここではまだ「地震以前の東京市民」を「彼等」と呼んで、「適当なる天罰」もまた「彼等に由って感ぜらるる」ものとして、距離をとっているようにも見える。そして「彼等」の代表として渋沢栄一を登場させ、その言葉を、東京市民を代表する「良心の囁《ささや》き」として引用している。

今回の震災は未曾有の天災たると同時に天譴である。維新以来東京は政治経済其の他全国の中心となって我が国は発達して来たが、近来政治界は犬猫の争闘場と化し、経済界亦《また》商道地に委し、風教の頽廃《たいはい》は有島事件の如きを讃美するに至ったから此《こ》の大災は決して偶然でない云々《うんぬん》。

（「万朝報」九月一三日所載）

渋沢栄一は、当時、銀行経営を中心にいくつもの企業の設立・運営に参加し、経済人として名をはせていた。震災にあたっては、東京商業会議所（現在の東京商工会議所）を基盤に大震災善後会を立ち上げ、義捐金《ぎえんきん》・救援物資の募集と分配など、民間からの救援・復興活動に尽力していた人物である。その渋沢が、政界は犬猫の喧嘩《けんか》のようだし、経済界も商道は地に堕《お》ち、社会風紀も退廃していたのだから、関東大震災は「天災たると同時に天譴である」と主張したのだ。

さて内村は、この渋沢の見方にまったく賛同して言う。

実《まこと》に然りであります。有島事件は風教堕落の絶下でありました。東京市民の霊魂は、其の財産と肉体とが滅びる前に既に滅びて居たのであります。斯《か》かる市民に斯かる天災が臨んで、それが天譴又は天罰として感ぜらるるは当然であります。

内村は、渋沢が言及している有島事件について「風教堕落の絶下でありました」と述べているが、ちなみにこれは、作家・有島武郎が恋人と自殺した情死事件を指している。

有島武郎は、小説『生まれ出《い》づる悩み』『或る女』や評論『惜しみなく愛は奪ふ』などで、当時広く人気のあった小説家である。その有島が、『婦人公論』記者の波多野秋子と軽井沢の別荘で縊死《いし》しているのが発見されたのは一九二三年七月のことだった。相手の女性が既婚者だったこともあって、当時の新聞はこれを「軽井沢の別荘で有島武郎氏心中／愛人たる若い女性と」（朝日新聞、大正一二年七月八日）と大見出しを掲げてセンセーショナルに報じた。

有島は当時の札幌農学校（北海道大学農学部の前身）で、新渡戸稲造や内村鑑三の影響下にキリスト教に入信している。内村は有望な後輩として期待していたらしいが、有島は後に信仰を捨てるに至った。そんな背景もあり、内村はこの事件を東京市民の道徳的堕落の象徴のように感じていたのだろう。

そうすると、どうなるか。内村は最初、「東京市は一人の悪人なく、其の市会議員は尽く聖人であり、其の婦人雑誌は尽く勤勉と温良と謙遜とを伝うる者であったとするも」と言っていたが、その仮定はことごとく否定されている。渋沢の言うように、「近来政治界は犬猫の争闘場と化し、経済界亦商道地に委し、風教の頽廃は有島事件の如きを讃美するに」至っているのが東京の現実であって、東京市民がこの有様を自覚しているならば、震災が「天譴又は天罰として」感じられるのは当然だと言うのだ。

じっさい内村は、ユダヤの預言者イザヤがイスラエルの民の堕落を激しく告発した言葉を引きながら、それがすべて震災以前の東京市民にあてはまると述べていく。内村の引用した箇所を現代語訳で引く。

災《わざわ》いだ、罪を犯す国、咎《とが》の重い民
悪を行う者の子孫、堕落した子らは。
彼らは主を捨て
イスラエルの聖なる方を侮《あなど》り、背を向けた。
何故、お前たちは背きを重ね
なおも打たれようとするのか
頭は病み、心臓は衰えているのに。
頭から足の裏まで、満足なところはない。
打ち傷、鞭《むち》のあと、生傷は
　ぬぐわれず、包まれず
油で和らげてもらえない。
（新共同訳『旧約聖書』イザヤ書第一章第四〜六節）

聖書に記されたこの弾劾の言葉の「一字一句」を、「悉《ことごと》く之を震災以前の東京市民に当てはめる事が出来ます」と内村は言う。そして続ける。

其の議会と市会と、其の劇場と呉服店と、そして之に出入りする軽佻浮薄《けいちょうふはく》の男女と、彼等の崇拝する文士思想家と、之を歓迎する雑誌新聞紙とを御覧なさい。もし日本が斯かる国であるならば、日本人として生まれて来た事は恥辱であります。震災以前の日本国、殊に東京は義を慕う者の居るに堪えない所でありました。

要するに内村は、日本人として生まれてきたことが恥辱であると感じられるほど、それほど日本国は道徳的に堕落していたというのだ。震災以前の日本国、ことに東京は、「義を慕う者の居るに堪えない所」だと断定している。「軽佻浮薄の男女と、彼等の崇拝する文士思想家と、之を歓迎する雑誌新聞紙」と言っているところにも、有島事件の影が見え隠れしている。

内村がここで天罰論、天譴論の立場に立っていることは明らかだろう。次の言葉は決定的である。

然るに此の天災が臨みました。私共は其の犠牲と成りし無辜《むこ》幾万の為に泣きます。然れども彼等は国民全体の罪を贖《つぐな》わん為に死んだのであります。彼等が悲惨の死を遂げしが故に、政治家は此の上痴愚を演ずる事は出来ません。

文士は「恋愛と芸術」を論じて文壇を擅《ほしいまま》にする事は出来ません。大地震に由《よ》りて日本の天地は一掃されました。今より後、人は厭《いや》でも緊張せざるを得ません。払いし代償は莫大でありました。然し挽回《とりかえ》した者は国民の良心であります。之に由りて旧《ふる》き日本に於《お》いて旧き道徳が復《ふた》たび重んぜらるるに至りました。新日本の建設は茲《ここ》に始まらんとして居ます。私は帝都の荒廃を目撃しながら涙の内に日本国万歳を唱えます。

ここに、私の考える「犠牲の論理」の典型が現われている。

関東大震災では、先ほど述べたように、一〇万人以上の死者が出た。内村は、これらの

「犠牲」となった人々は「国民全体の罪」を「贖う」ために死んだのだと言う。国民全体の罪とは、すでに明らかなように、日本国が、日本人として生まれてきたことが恥辱になるような、それほど道徳的に堕落した国であって、とりわけその首府、東京市がそうであったということを意味する。

内村は、日本国および東京市が、これほど罪深い存在であるがゆえに、天が、神が、これを罰したのだとする。そうだとすれば、そこで「犠牲」になった者、死者たちは、国民全体の「贖い」、償いのために死んだのだということになる。この死者たちの犠牲があって初めて、日本国と東京市民の罪が償われて、道徳が回復される。神によって赦される。そういう構造になっている。

国民全体の罪を担わされた死

この内村の議論には、天罰論が天罰論である限り、その背景、動機の如何《いかん》にかかわらず必ず含んでいるはずの基本的な構造がはっきりと現われている。

大震災、津波等は天罰、天譴、神罰、仏罰等々であり、そこで生じた「犠牲」は天による処罰、神仏による処罰の所産である。では、罰は何のために与えられるのか。それは、罰せられる者の「犠牲」を通して、道徳的な均衡を回復するため、道徳的な欠損を埋め合わせ、「代償」を払って罪を赦されるためである。したがって、いかに「被災者の人々には申しわけないが」等々と言ったとしても、罰は罪に向かってこそ下されるのであり、そこに重罰を受けた人々（被災者、とりわけ死者）がいるとしたら、それは彼ら彼女らが重罪を負っていたからだということにならざるをえない。被災者には「量刑」の違いがあるにせよ、彼ら彼女らは罪があったからこそ罰せられたという構造になっていることは、この議論をする限り否定することはできないのだ。

内村の議論の背景には、彼のキリスト教思想があることを指摘することもできる。内村はキリスト教の神が、仏教のたとえば阿弥陀如来《あみだにょらい》などと違って、単に慈愛の神、愛の神として罪を赦すだけでは神にふさわしくないと信じていた。罪は罰せられるべきであり、罪にふさわしい処罰が与えられるべきであって、神は人間の罪に激しく怒り、これを義の神として罰する。罰を受けることなしに罪が赦されるなどと考えるのは甘い考えであって、神はそのような「女性的」で「軟弱」な存在ではない、などとも言っている。

イエス・キリストが十字架の刑死を遂げたのも、内村によれば、神であり同時に人であるイエス・キリストが、人類の罪を一身に担って、神の怒りに発する処罰を受けたということであって、この処罰のなかにこそ神の無限の愛が示されている。この処罰なしに、愛によって赦されることはありえないのだ。

このような考えは、キリスト教神学の伝統のなかに強く受け継がれてきたところであって、内村の議論は決して例外的なものではない。

「非戦主義者の戦死」

内村のこの犠牲の論理は、天災に対してだけでなく戦争のような「人災」に対しても適用される。関東大震災からさらにさかのぼって一九〇四年、日露戦争時に発表された「非戦主義者の戦死」という文章がその例である。

「非戦主義者の戦死」は、非戦論の立場から日露開戦に反対してきた内村が、にもかかわらず戦争が始まってしまった際に、これにどのように非戦主義者として対応すべきかを述べた文章である。そこで内村は、非戦主義者たるもの、兵役を命ぜられたら進んで戦地におもむき戦死すべきである、と論じた。
非戦主義者が開戦後にも兵役を拒めば、非戦論が自己中心的な卑怯な言説にすぎなかったと非難されかねない。また、自分たちのかわりに他人が戦地に行き、犠牲にならなければならないかもしれない。内村は、非戦主義者が積極的に戦場におもむくべき理由として、こうしたことも挙げている。しかし、彼にとって最も重要な理由は、非戦主義者の戦死によってこそ、これまで戦争を繰り返してきたという人類の罪悪が償われ、贖《あがな》われ、終局の世界平和が実現しうるということだった。

戦争を忌《い》み嫌い、之に対して何の趣味をも持たざる者が、其の唱うる仁慈の説は聴かれずして、世は修羅《しゅら》の街《ちまた》と化して、彼も亦敵愾心《てきがいしん》と称する罪念の犠牲となりて、敵弾の的となりて戦場に彼の平和の生涯を終るに及んで、茲に始めて人類の罪悪の一部分は贖われ、終局の世界の平和は其れ丈《だ》け此世に近づけられるのである。是れ即ちカルバリー山に於ける十字架の所罰の一種であって、若し世に「戦争美」なるものがあるとすれば、其れは生命の価値を知らざる戦争好きの猛者の死ではなくして、生命の貴さと平和の楽しさとを充分に知悉《しりつく》せる平和主義者の死であると思う。

つまり、非戦主義者の戦死、平和主義者の戦死は、イエス・キリストの十字架上での刑死と本質的に同じであって、それによって人類の罪悪の一部が償われ、世界に平和がもたらされる「尊い犠牲」の死である、と内村は主張したのだ。

日露戦争時（一九〇四年）の「非戦主義者の戦死」と、関東大震災時（一九二三年）の「天災と天罰及び天恵」を通して、内村の「犠牲」の論理に本質的な違いが見られないことは明らかだろう。

一方の関東大震災は、内村の言うとおり、まさに天災である。他方の日露戦争は、戦争という、人間の政治的判断等によって防ごうと思えば防ぎうる、人為的な災厄である。だが内村においては、両者の違いを貫いて、いずれにしても巨大な災厄、カタストロフィが社会を襲った際に、その衝撃の余燼《よじん》のもとで、死者の死の意味が、生き残った者によって道徳的に意味づけられ、生き残った者の道徳的理想の回復ないし実現のための「身がわりの死」のように解釈されている。

このような考え方に立つならば、たしかに、天災も人災もこれに遭う人によって恩恵にもなり、刑罰にもなると言えるだろう。それは言い換えれば、これら災厄の死者たちの死が、生き残った者たちがそれにかぶせる物語の枠のなかで、生き残った者たち自身の道徳的理想のために、利用されるということである。

石原氏は、天罰発言を受けて著した『新・堕落論』において、戦後日本人の我欲を批判し、核武装論を含む政治的持論を全開させている。そこでは、震災が天罰であるというのは、自らの政治的・道徳的主張を展開するための枕言葉にすぎない感さえ呈している。

内村やロベルト・デ・マッテイ氏にとっては、震災は彼らのキリスト教信仰をあかしする出来事として、神意の表現として位置づけられている。

死を意味づけることの問題

さて、これまで見てきたような論理を、どのように考えればよいだろうか。

内村も最初に認めていたように、もし天災を純粋に天然自然の現象として、自然科学的に説明できる出来事として見る立場に終始すれば、天罰も天恵もないことは明らかである。

「天」や「神」といった超越的存在を認めない立場から、こうした議論を一蹴することはたやすい。しかし私はここで、そうした立場に立つことはしないでおく。そうではなく、天然の出来事に対して「之に遇う人」が受けてつくる物語の次元を一応認めたうえで、その物語の「論理」の内実を検討することにしたい。

第一に、先ほど述べたように、天罰論において死者たちは、罰を受けるべき罪を集中的に担う存在とみなされている。そして、そのようにみなすのは、つねに生き残った者たちである。生き残った者たちが死んだ者たちを、一方的に、罪あるがゆえに罰せられた存在とみなし、語るのである。だが、生き残った者たちは、そのようにみなし、語る権利を、どこから得るのだろうか。

そもそも、内村の言う「国民全体の罪」を、なぜ、一〇万余の死者たち（だけ）が負わねばならなかったのか。国民全体が罪を負っていたなら、なぜ、国民全体が滅ぼされなかったのか。ソドムとゴモラのように。この疑問は、「国民全体」を「東京市民」に置き換えても消えない。東京市民にも死者と生き残った者とがいる。なぜ、罪を贖って死なねばならなかったのが、あの人たちであって、この人たちではなかったのか。

内村ははっきりと言っている。「彼等は国民全体の罪を贖わん為に死んだのであります」と。しかし、死者たちのなかには当然、多種多様な人々がいた。犯罪者もいただろうが、（ソドムにはいなかった）「義人」もいたかもしれないし、「善男善女」もいただろう。罪なき少女も少年もいただろうし、幼児も赤ん坊もいただろう。内村自身が言っている。「私共は其の犠牲と成りし無辜幾万の為に泣きます」と。逆に、生き残った人々がみな道徳的に潔癖だったわけではないだろうし、罪が軽かったわけでもないだろう。「彼等が悲惨の死を遂げしが故に」、「政治家」も「文士」も、もはや「痴愚」や「軽佻浮薄」を続けることはできないと内村は言う。ならば、なぜ、痴愚や軽佻浮薄の罪に陥っていた政治家や文士が、道徳的蘇生のために生き残り、罪なき者あるいは罪軽き者たちが死んでいったのか。

関東大震災時、約六〇〇〇人超ともいわれる朝鮮人が虐殺された。この人たちの死は、内村の議論ではどのように意味づけられるのだろうか。植民地支配によって日本「国民」に組み込まれ、東京や関東地方に生きることになった彼ら彼女らが、日本「国民全体の罪」を、なぜ償わなければいけないのか。東京市の道徳的堕落の贖罪《しょくざい》の担い手にならなければならないのか。虐殺された朝鮮人たちの死をそんなふうに意味づける権利を、生き残った日本人がもっているとは思えない。内村は当時の朝鮮におけるキリスト者の動向に多大の関心を寄せていたし、朝鮮人キリスト者との交流もあったが、ここには朝鮮人虐殺事件について考慮した形跡は影もかたちも見当たらない。

以上のような問題点は、当然、東日本大震災の天罰論についても同様に言える。「被災地の人々が悪いのではない」と述べたからといって、被災地の人々に「日本全体の責任」を集中的に負わせる論の構造になっていることは否定できない。生き残った者たちが死者たちを、一方的に、罪あるがゆえに罰せられた存在とみなし、語ることがどうしてできるのか、根本的な問題であろう。

天罰論と天恵論の決定不可能性

内村は、天然の出来事であっても、これに遭う人によって恩恵にもなり、刑罰にもなるとした。しかし、この内村の議論自体が、天罰論であると同時に天恵論にもなっている。

内村によれば、天罰としての関東大震災によって日本の天地は一掃された。払った代償は莫大であった。けれどもこの罰によって、この天罰が罪の償い、贖罪の意味をもつことによって、国民の良心が取り返されたのだと言う。「之に由りて旧き日本に於て旧き道徳が復たび重んぜらるるに至りました。新日本の建設は茲に始まらんとして居ます。私は帝都の荒廃を目撃しながら涙の内に日本国万歳を唱えます」

つまり、関東大震災は、まず堕落した日本国と東京市への天罰として作用したが、それが日本国民、東京市民の罪の償いであることによって、日本国と東京市の道徳的秩序は回復され、国民の良心が取り戻されて、新日本の建設が始まるのである。これはまさに喜ぶべき事態であって、天の恵み、恩寵として受けとめられる。だからこそ内村は「日本国万歳」を唱えるのだ。

そうすると、はたして関東大震災は天罰であったのか、天恵であったのか。それは天罰でもあり、天恵でもあった。天罰は天恵のための天罰であり、天恵は天罰あっての天恵である。ここに至ると、どちらか一方に決定することは、不可能のようにも思われてくる。

内村は実際、最後にもう一度東京市への批判を繰り返している。天罰を天恵としなければならないにもかかわらず、東京市では、真っ先に帝国劇場の復興を行なった。これは内村にとって、看過できない事態である。劇場が絶対悪であるとは言わないが、全市の三分の二を失い、同胞一〇万人以上が死亡したにもかかわらず、まず第一に劇場の復活を図るとは「何たる薄情」であるか。そのようなことではとうてい「偉大なる帝都」の出現を望むことはできない。それよりも、まず第一に、消失した無数の学校の復活を図るべきだ。多数の孤児を収容する孤児院の建設を先にすべきだと言って、復旧、復興のあり方に注文をつける。天罰が天恵となって終わるかどうか、最後に本当に「日本国万歳」を唱えることができるかどうかは、その後の成り行きによると言わざるをえない。

原爆は天罰か、天恵か

天罰論と天恵論の決定不可能性を考えるために、長崎への原爆投下にかかわる永井隆の言説を取り上げておこう。

一九四九年一月に発行された永井隆のドキュメンタリー小説である『長崎の鐘』。この作品は、長崎医科大学病院の物理的療法科部長であった医師、永井隆が、長崎の被爆者治療に献身しながら、カトリック信者の一人として、原爆の犠牲となった長崎浦上《うらかみ》地区のカトリック信者たちの死に触れた作品としてよく知られている。

長崎へ投下された原爆の爆心地は、長崎市中心部から北へ離れた浦上地区だった。ここは歴史的にカトリック信者が多く住んできた地域で、長崎市中心部からは一種、外部化、周縁化された地域であった。そうした浦上地区に対して、当時、浦上が原爆の爆心地となったのは天罰だ、という意識が生まれていた。

『長崎の鐘』の描くところによれば、終戦後、「私」(永井隆と考えられる)の前に、戦地から復員してきた市太郎という人物が現われる。


悄然として市太郎さんがあらわれる。足首を結んだ復員服の一張羅。復員して来てみたら故郷は廃墟、わが家に駆けつけてみればただ灰ばかり、最愛の妻と五人の子供の黒い骨が散らばっていた。

「わしゃ、もう生きる楽しみはなか」

「戦争に負けて誰が楽しみをもっとりましょう」

「そりゃそうばってん。誰に会うてもこういうですたい。原子爆弾は天罰。殺された者は悪者だった。生き残った者は神様からの特別のお恵みをいただいたんだと。それじゃ私の家内と子供は悪者でしたか！」

「さあね、私はまるで反対の思想をもっています。原子爆弾が浦上に落ちたのは大きなみ摂理である。神の恵みである。浦上は神に感謝をささげねばならぬ」

（永井隆『長崎の鐘』）

戦場から長崎に戻ってみたら、故郷は廃墟となっており、最愛の妻子は黒い骨と化していた。「わしゃ、もう生きる楽しみはなか」と嘆く市太郎は、原爆は天罰だった、殺された者は悪者、罪人だったというなら、自分の妻子は悪者、罪人であったのかと、割り切れない思いを抱いて問いかける。

それに対して「私」は、自分は「反対の思想」をもっている、原爆が浦上に投下されたのは神の「大きなみ摂理」であり、「恵み」であるから、「浦上は神に感謝をささげねばならぬ」と答える。

「感謝をですか？」と訝《いぶか》しげに問い返す市太郎に、「私」は、「これは明後日の浦上天主堂の合同葬に信者代表として読みたいと思って書いたのですが、ひとつ読んでみてくださいませんか」と言って、原稿を差し出す。

ここには、天罰論に対して天恵論をもって、市太郎に象徴される被爆者遺族と、被爆生存者を慰めようとする永井の思いが表現されている。

そして永井は、実際、浦上カトリック教会で行なわれた原子爆弾合同葬で弔辞を読んだのだが、その弔辞がほぼ原形のまま『長崎の鐘』のなかに引用されている。

終戦と浦上潰滅との間に深い関係がありはしないか。世界大戦争という人類の罪悪の償いとして、日本唯一の聖地浦上が犠牲の祭壇に屠られ燃やさるべき潔き羔《こひつじ》として選ばれたのではないでしょうか？（中略）

信仰の自由なき日本に於て迫害の下四百年殉教の血にまみれつつ信仰を守り通し、戦争中も永遠の平和に対する祈りを朝夕絶やさなかったわが浦上教会こそ、神の祭壇に献《ささ》げらるべき唯一の潔き羔ではなかったでしょうか。この羔の犠牲によって、今後更に戦禍を蒙る筈《はず》であった幾千万の人々が救われたのであります。

戦乱の闇まさに終わり、平和の光さし出づる八月九日、此の天主堂の大前に焔《ほのお》をあげたる、嗚呼《ああ》大いなる燔祭《はんさい》よ！　悲しみの極みのうちにも私たちはそれをあな美し、あな潔し、あな尊しと仰ぎみたのでございます。汚れなき煙と燃えて天国に昇りゆき給いし主任司祭をはじめ八千の霊魂！　誰を想い出しても善い人ばかり。　（同前）

永井によれば、「智恵の木の実を盗んだアダムの罪と、弟を殺したカインの血とを承《う》け伝えた人類が、同じ神の子でありながら偶像を信じ愛の掟《おきて》にそむき、互いに憎み互いに殺しあって喜んでいた此の大罪悪を終結し、平和を迎える為にはただ単に後悔するのみでなく、適当な犠牲を献げて神にお詫《わ》びをせねばならな」かった。その犠牲の羔となったのが、被爆死した浦上のカトリック信者八〇〇〇人であり、だからこの死者たちは、世界平和のために神に捧げられた「貴い犠牲」であって、長崎への原爆投下は世界に平和をもたらすための「神のみ摂理」であった、「神の恵み」であった、ということになる。「神の恵み」すなわち天恵である。

天罰論が天恵論になるのはなぜか

長崎への原爆投下が「神のみ摂理」であり、天恵であったとする永井の考え方が、信仰に基づき、被爆者や遺族を慰藉《いしゃ》するためのものだったとしても、他方で、大きな問題を孕《はら》んでいることは容易に察せられるだろう。戦争犯罪あるいは人道に対する罪とも考えられる原爆使用について、その責任問題をあらかじめ封じてしまう役割を果たしかねない、というのもその一つである。こうした問題については、私は別の箇所（『国家と犠牲』第三章）で検討しているので、詳しくはそれを参照していただきたい。

ここで指摘しておきたいのは、この永井の議論においても、内村の場合に見たように、天罰論と天恵論との対立は本質的なものとは思われないということだ。

永井にとって、長崎浦上の原爆死者たちは、「世界大戦争という人類の罪悪の償い」として、人類が神にお詫びをするために捧げねばならなかった犠牲なのだから、これを言い換えれば、原爆死は人類の罪悪に対する神の処罰の結果である、ということになる。人類の罪悪は、神によっても無条件には赦されえない。神の摂理は、人類の罪悪の償いとして人類の一部に死を要求する。原爆投下は人類の罪に対する神罰、被爆死は罪の償いとして要求された処罰の死である。そのような罰を集中的に担って死んでいった人たちのおかげで、世界に平和がもたらされたのであり、したがって、それはまた神の恵み、天恵であるということになるのだ。

内村鑑三の「非戦主義者の戦死」は、非戦主義者が兵士として戦場におもむき戦死した場合、その死を、戦争の罪を償う犠牲であると見るものだった。それに対して永井隆のこの言説は、兵士ではなく、長崎浦上地区のカトリック信者たちが原爆の犠牲になったその死を、戦争の罪を償うための犠牲であると見るものである。戦争の死者が兵士であろうと民間人であろうと、罪を償う犠牲として意味づける限り、「犠牲の論理」はその違いを意に介さない。そしてこの「犠牲の論理」が、内村においても永井においても、天罰論を天恵論につなぐ要となる。つまり、天罰による死者がいるからこそ罪は償われるのであり、死者は罪の赦しを得るための犠牲の死者なのであって、天罰による犠牲死こそが赦しを可能にするという意味で、それはまた天恵なのである。

天罰は天恵のための天罰であり、天恵は天罰あっての天恵である。こうして天罰論と天恵論が互いに求めあう関係が成り立つ。これは、内村と永井に共通のキリスト教という背景がなくても、多かれ少なかれ言えることである。石原都知事の天罰発言は、津波によって日本人の我欲が押し流された暁には、(内村の言葉を使えば)「新日本の建設」が緒につき「日本国万歳」となる可能性を想定している。末木文美士氏の議論でも、「天罰」を受けて「人間の傲慢」を「謙虚に反省」すれば再生につながるという意味で、天罰は天恵でもありうるだろう。ロベルト・デ・マッテイ氏では、「天罰」は「神の善意の声」であり、趙鏞基牧師では、「神の警告」は「罪を悔い改めるチャンス」であって、いずれの場合にも、キリスト教の天罰・天譴が天恵の意味をもつことを確認できる。

なぜ、この震災が天罰なのか

天罰論の問題点として、第一に、生き残った者が死者たちに一方的に罪の犠牲を集中させて語ること、第二に、天恵論との決定不可能性を指摘してきた。最後に第三として、天罰を特定の災害に限ることの根拠の問題を挙げておこう。

天罰論者は、東日本大震災が戦後日本の道徳的堕落、偶像崇拝、無神論、物質主義、経済優先と科学技術への過信といったものへの天罰であると言う。一言で言えば、戦後日本人の罪に対する罰なのだという。しかし、戦後日本人の罪に対する罰が、なぜ東日本大震災でなければならないのか。なぜ、この震災でなければならないのか。

論者たちが戦後日本の罪、悪として意識するものは、決して近年に限定された現象ではない（と論者たちは考えている）。他方、震災や天災は頻繁に起こっているが、論者たちが天罰だとするのは東日本大震災のみである。戦後日本人に罪があるなら、なぜ以前に起こった震災は天罰ではなかったのか。たとえば、なぜ、阪神・淡路大震災は天罰ではなく、東日本大震災は天罰なのか。犠牲者の数が一ケタ多いからか。では、犠牲者が何人を超えると天罰となり、それ以下なら天罰とならないのか。阪神・淡路大震災から一六年のあいだに日本国民の罪が増大し、東日本大震災時に初めて神の受忍限度を超えたからか。阪神・淡路大震災こそ、その直前までバブル景気に狂奔していた日本国民への天罰だったと、なぜ言わないのか。それに比べて、「失われた二〇年」のなかにあった二〇一一年、しかも東北三県を中心に襲った東日本大震災が、なぜ、天罰だと言われるのか。

阪神・淡路大震災から東日本大震災までのあいだにも、死者行方不明者六八人を出した新潟県中越大震災（二〇〇四年）、死者一五人を出した中越沖地震（二〇〇七年、柏崎刈羽《かしわざきかりわ》原発で緊急停止)、死者行方不明者二三人を出した岩手・宮城内陸地震(二〇〇八年)が起きているし、阪神・淡路大震災の一年半前には、大津波などで死者二〇二人を出した北海道南西沖地震も起こっている。もし神がいるなら、あらゆる出来事は「神の摂理」であり、神意の表現であろう。神が戦後日本人の罪を罰するなら、これらの地震の死者たちもまた、その罪を負わされて罰せられたということに、なぜならないのか。

多数の死者を出す天災は地震だけではない。日本列島には毎年台風が襲来し、死者を出すケースも少なくなく、東日本大震災の約半年後、台風一二号では全国で死者行方不明者九四人を出した。前年の二〇一〇年夏には全国的に熱波に襲われ、熱中症の死者は一七一八人に上った。これらの死者が、戦後日本人の罪の償いの死者ではなくて、東日本大震災の死者だけがそうである根拠は、どこにあるのだろうか。ほぼ一年以内に起こったこれら三つの天災のうち、東日本大震災だけが天罰である根拠は、どこにあるのだろうか。

要するに、死者が出るケースだけでも頻繁に起こっている天災のなかで、この天災を(あるいはこの天災だけを)天罰とする判断は恣意的《しいてき》でしかない。被害が最大であったといっても、被害の大小は相対的なものであり、ある規模以上を天罰とする基準など存在しない。社会に与えた衝撃の大きさといっても、まったく同じことである。たしかに東日本大震災は、被害の大きさも社会に与えた衝撃度も、戦後最大級の天災だった。福島原発事故の発生がそれに追い打ちをかけた。しかし、だからといって、それはこの天災だけを天罰とする根拠にはならない。戦後日本人の罪を贖う天災を探したいなら、原理的には、戦後日本人の死者を出したすべての天災がその資格を有することになるだろう。そのなかで、この天災を天罰とし、あの天災を天罰としない根拠は、結局のところ存在しないと思われるのだ。

震災にこじつけない

今回の大震災と原発事故によって、経済的利益の追求を最優先してきた戦後日本の歴史、ひいては日本近代の歴史、さらには人類的規模での近代化の歴史が、根本から問い直されていることはまちがいない。自然破壊や科学技術への過信といった「人間の傲慢」に、深刻な反省が迫られていることも確かであろう。しかし、近代文明や現代社会への批判は、そのために天罰を必要とするわけではない。そうした批判は、近代文明や現代社会が「犠牲」を生み出し続けることへの批判にならざるをえないが、犠牲の論理への批判がそれ自体、もう一つの犠牲の論理（天罰論）によっているのであれば、自己矛盾を来たすことにもなってしまう。

もしも天罰や天恵ということに意味があるとすれば、それは人が個人として、自分自身に与えられた天罰や天恵として受けとめる限りのことだろう。キリスト教など何らかの信仰をもつ人や、思想的あるいは政治的な信念をもつ人が、自らの信仰や信念、価値観に照らして出来事を意味づけることはあっていいし、あるだろう。そこから自分自身のあり方を反省したり、人生の生き方を変えたりするということは、当然あってしかるべきで、そのこと自体に問題があるわけではない。

だが、それを、関東大震災は天罰だった、東日本大震災は天罰だった、長崎原爆は天恵だったという話にするなら、自分個人にとって出来事がどういう意味をもつかという次元をはるかに超えてしまう。そうした出来事を客観的に意味づけ、そこで死んだ多くの人々、一人ひとりみな違っていた人々を一括《ひとくく》りにして、自分から一方的に彼ら彼女らへその死の意味を押しつけるかたちになってしまう。そこには大きな問題があるということを確認しておきたい。

「日本」イデオロギーの表出

以上、天罰論に含まれる問題を見てきたが、そこには政治的その他の自説を開陳する機会として天災を利用する危うさがあった。そのことに関連して、いくつか指摘しておきたいことがある。

今回の東日本大震災、福島原発事故をめぐる言説状況のなかで注意しなければならないことの一つに、テレビなどマスメディアを通して、「日本頑張れ」「日本は強い国」「日本は一つ」「日本人の誇り」というようなスローガンが連呼されたことがある。民放テレビ各局は、震災、原発事故発生直後から通常のコマーシャルを取りやめ、ACジャパンのコマーシャルに切りかえたが、そこでも驚くほど徹底して「日本」イデオロギーが表出されたのである。

さっそく指摘されたのは、こうしたスローガンと被災地の人々の意識とのあいだにいかにギャップがあるか、ということだった。被災者は、津波ですべてを流され、家族や友人を喪《うしな》って悲嘆にくれていたり、原発事故で着の身着のまま「難民化」せざるをえなかったり、放射線被曝の不安におののいていたりする。そうした人々に向かって、安全地帯にいる人々が、「頑張る」ことや、「強く」あることや、「一つになる」ことなどを一方的に、繰り返し繰り返し求めることは、暴力なのではないか、というもっともな疑問が提起されたのである。

こうしたスローガンに対し、ナショナリズムが台頭するのではないかという懸念も表明された。私の印象を言えば、これらのスローガンをナショナリズムと言うのはむしろおこがましく、日本ナルシシズム、あるいは日本フェティシズムと言ったほうが適切ではないか、と感じる。ナショナリズムは、たとえば近代国民国家成立過程において、あるいは植民地体制からの民族独立の過程において、さまざまな問題を含みながらも、単に否定的とは言えない、むしろ解放的な性格をもつ現象として現われることもあった。ナショナリズムについて、その内実、それがもつ歴史的意味などと無関係に、これを全否定することはできないと私は考える。一方、多くの日本人は、昔も今も、イメージとしての「日本」、「日本」そのものを偏愛する傾向がある。「日本」にしかよりどころを見出せず、「日本」

にすがりつこうとする、そういう心的傾向が今回も噴出したのではないか。そこに根深い問題を感じる。

「日本頑張れ」「日本は一つ」等々のスローガンを、日本ナショナリズムと呼ぼうと、日本ナルシシズムあるいは日本フェティシズムと呼ぼうと、いずれにしても変わらない重要な問題がある。それは、今回の原発震災の被災者が日本人だけだと思いこんでしまうことである。意識的あるいは無意識的に、被災者から日本人以外の人々を排除してしまうことである。東北地方の被災者だけ見ても、当然ながら、そこには日本人だけでなく外国籍の人々も含まれている。地震にせよ、津波にせよ、原発事故の放射性物質にせよ、住民が日本国籍か外国籍かによって分け隔てなどしないからだ。

NHKの番組で、作家の徐京植《ソキョンシク》氏が、郡山市に福島朝鮮初中級学校を訪ねるシーンがあった（Eテレ「こころの時代　シリーズ・私にとっての〝3・11〟『フクシマを歩いて』」二〇一一年八月一四日放送）。二十数名の生徒たちが在籍するが、放射能禍を避けて新潟に避難している。新潟朝鮮初中級学校で学びながら、週末にはバスで帰郷する子どももいるという。

私が一一月に徐氏らとともに訪ねたときは、校庭など学校の敷地の除染が進み、削られた汚染土の山が、校庭の一角にシートを被せて仮置きされていた。福島朝鮮初中級学校は一九七一年に開校し、当時は一二〇人の生徒がいたという。私は当時、福島市の高校に通っていたが、福島県内に朝鮮学校があることはまったく知らなかった。現在でも、その存在を知る福島県民は決して多くはないだろう。同じ大地に生きながら、同じ放射能汚染の脅威にさらされながら、「日本頑張れ」「日本は一つ」式のスローガンに、むしろ不安や恐怖を覚えるかもしれない人々の存在を忘れてはならないのである。

危機だからファシズムか

さらに、極端なケースとして、日本の国家的な危機を強調することで国家主義を高唱する言説が現われたことも見逃すことはできない。

佐藤優氏の言説はその典型である。佐藤氏は、三月一一日直後から、東日本大震災と福島原発事故に対応するために、「国家翼賛体制を確立せよ」と訴えた。今回のような「国家存亡の危機」においては、日本国の内閣総理大臣（それがだれであろうと）に権力を集中させ、リーダーを全国民が支持し支える行動が必要だと言うのだ。

非常事態である現状において、菅直人首相を国民一人ひとりが翼賛するのである。過去に、筆者は菅首相に対して、国歌「君が代」をかつて菅氏が歌わなかった問題を取り上げるなど、きわめて厳しい批判を展開してきた。その筆者が「菅首相を翼賛せよ」と主張するのは、それだけ現下日本の危機が深刻だからだ。ここで重要なのは、「菅直人」という固有名詞ではない。民主的手続きにより選出された日本国民を代表する内閣総理大臣（首相）という役職が重要なのである。

日本国家が最も深刻な危機から抜け出すまでの3カ月くらいの間、菅首相に権力を集中させることが不可欠と思う。

（前掲『3・11クライシス！』）

佐藤氏はまた、非常事態においてはマスメディアも、その内在的論理に従って政府批判を広めるのではなく、「政府、国民と一体化すべき」であると主張する。マスメディアが政府を責任追及する姿勢をとると、官僚と原子力専門家が萎縮して、規則やマニュアルの範囲内でしか行動しなくなるおそれがあるから、マスメディアは責任追及の姿勢をとるべきでない、むしろ政府と主要マスメディアは緊急に報道協定を結び、日本の生き残りのために一致して行動すべきだ、とまで言うのである。

しかし、こんなふうに「国家翼賛体制」を構築し、マスメディアも政府批判と責任追及の姿勢を放棄してしまったら、政府、首相の事実上の独裁となり、社会全般から異論が排除され、かえって大きな過ちを招くことになりはしないか。菅内閣のとりわけ原発事故対応に対しては、メディアだけでなく、被災者や被災自治体の首長たちから厳しい批判が提起されたが、批判もせずに全権をゆだねて翼賛していたら、はたしてどんな結果になっただろうか。

佐藤氏は以前から、「日本にファシズムが到来するのは避けられない。問題は、どのようなファシズムを選択するかだ」と述べていた。佐藤氏によれば、国家翼賛体制に違和感をもつのは、戦時中の大政翼賛会に対する負のイメージが残っているからであり、「力をそえてたすけること、補佐すること」という「翼賛」の本来の意味からすれば、それは決して間違っているとは言えない。同様に、「ファシズム」もまた、語源的にいえば「一つにまとまる」という意味であり、それ自体として問題があるわけではない。ファシズムが悪の代名詞となったのは、かつて上から「お前ら、まとまれ」という命令によって強引に一つにされたからであり、それとは逆に、国民が自発的に力をもち寄って一つの方向へ力をあわせる「下からのファシズム」であれば、むしろ今こそそれが必要とされているのだと言うのである。

下からのファシズムは、危機を乗り越えるための社会の側からの翼賛体制の確立であって、「日本の名のもとに団結せよ」と佐藤氏は訴えている。そして、危機を乗り越えるために必要な思想は、日本人にあっては究極的に「大和魂」なのだ、真の危機になるとおのずから大和魂が働き出す、なぜなら「大日本《おほやまと》者神國也《はかみのくになり》」、すなわち日本国は神の国にほかならないからと言うのだ。

このような国家翼賛体制、下からのファシズム、神国思想は、国家の役割を肥大させ、神がかり的な「日本」イデオロギーを鼓吹して、再び大きな過ちに導く恐れがある。

第二部　沖縄

沖縄の主要米軍基地

（沖縄県知事公室基地対策課の資料をもとに作成）

もしも米軍基地が海だったら……

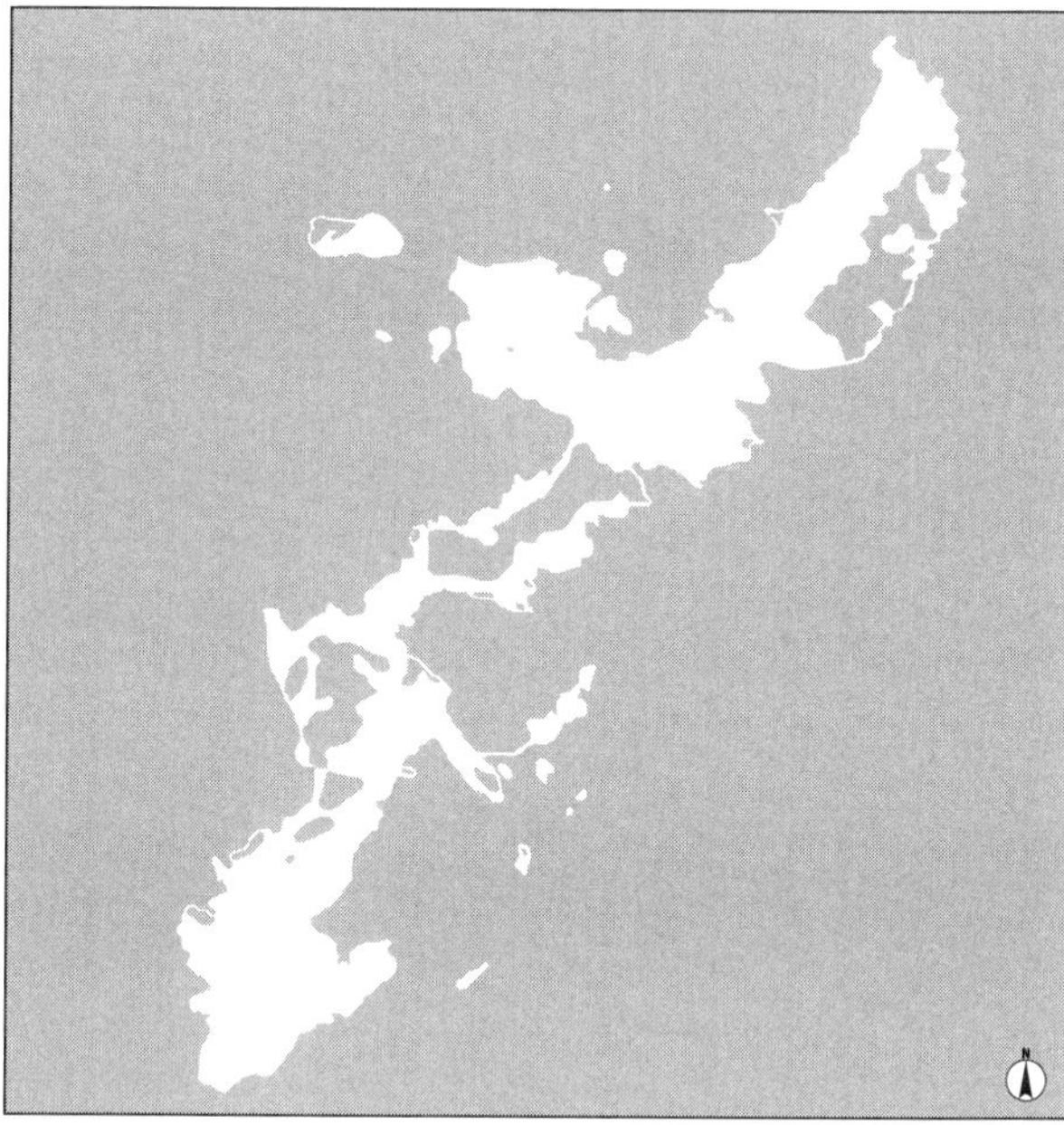

第四章

「植民地」としての沖縄

沖縄国際大学に墜落した米軍ヘリ（ＣＨ53Ｄ）
写真提供：毎日新聞社

本書のテーマは、犠牲のシステムとしての福島と沖縄である。

なぜ、福島と沖縄なのか。それは、一九四五年の敗戦以後、今日までの日本を「戦後日本」と呼ぶなら、これら二つの地名が、戦後日本の国家体制に組み込まれた二つの犠牲のシステムを表わしているからだ。

沖縄が戦後日本の犠牲であったこと。それは、沖縄戦という史上稀《まれ》に見る過酷な戦闘の戦場にされた沖縄に米軍が居座り、サンフランシスコ講和条約第三条によって、沖縄がその米軍の施政権下に置かれ、一九七二年に日本に復帰して以後も、今なお全国の米軍専用施設の約七四パーセントが沖縄に集中しているという、このことをさしている。

普天間基地移設問題とは

沖縄が戦後日本の犠牲のシステムに組み込まれていることは、二〇〇九年夏の衆議院議員総選挙によって、戦後初の本格的な政権交代が実現した後に奇《く》しくも象徴的なかたちであらわになった。民主党の最初の政権となった鳩山政権は、沖縄県宜野湾《ぎのわん》市の米軍普天間基地（普天間飛行場）を、名護《なご》市辺野古《へのこ》以外の場所、「最低でも県外」（最終的には国外）へ移設するという方針を掲げて挫折した。

普天間基地の移設問題とは、直接には次のようなことである。

一九九五年、沖縄県で、米軍兵士三人が一二歳の少女を暴行するという事件が起きた。この少女暴行事件をきっかけに米軍基地に反対する県民世論が盛り上がり、日米安保体制を揺るがす事態となった。

県民世論に動かされて、二〇〇六年、日米両政府は沖縄県の基地負担の軽減策の一つとして、世界で最も危険な基地といわれてきた普天間基地を、同じ沖縄県内の名護市辺野古に移設する案で合意した。しかし、この「移設」計画は事実上、辺野古への新基地建設に匹敵するもので、当該地域の自然環境を破壊するのみならず、何よりも、同じ沖縄県内での米軍基地のたらい回しにすぎないという厳しい批判が出て反対運動が続き、自民党政権は米国との約束を果たせずにいた。

この問題に対して、政権交代をめざした民主党の鳩山由紀夫代表は、普天間基地を「最低でも県外」に移設することによって、沖縄県全体の基地負担を減らすという方針を表明した。この鳩山民主党の方針は、沖縄県民の大きな期待を集めることになったのである。

政権交代で見えてきた戦後日本の犠牲

鳩山民主党は、二〇〇九年の総選挙で政権交代を果たしたが、期待を担って誕生した鳩山政権は、アメリカとの辺野古移設の約束という既成事実のもとで、国外はもとより、県外への移設についても、大きな壁にぶつかった。長年にわたって米軍基地の存在から利益を得てきた日米の関係勢力の厳しい抵抗に阻まれ、また日本のマスメディア（沖縄を除く）の多くも、鳩山政権の方針は戦後日本の根幹である日米同盟関係を揺るがすものだとして危機感を募らせた。

その結果、鳩山首相は、沖縄における米軍部隊の存在が安全保障上の脅威に対する抑止力になっているという、いわゆる抑止力論を受け入れて、方針の断念を表明せざるをえなかった。この普天間基地移設問題は、鳩山政権を崩壊させた最大の要因だったということもできる。

鳩山内閣の後を受けた菅直人首相の政権は、普天間基地の辺野古移設案に回帰して、日米同盟優先の方針を打ち出した。続く野田政権もその方針を引き継ぎ、今日に至るまで普天間基地の移設問題は、袋小路に入り、膠着《こうちゃく》状態が続いている。このままでは、危険な普天間基地が固定され、沖縄県の基地負担が軽減されない可能性も指摘されている。

他方、菅政権は、二〇一一年三月一一日に福島原発事故に遭遇し、その対応をめぐって批判を浴びることになった。福島原発のみならず、日本列島に存在する五四の原発は、すべて民主党政権以前の自民党長期政権時代に建設されたものだが、今回の事故の責任を問われたのは、それにめぐり合わせた菅民主党政権だった。

菅首相は事故処理をめぐって批判を浴びながらも、原発事故の教訓を重視して「脱原発」の方向性を打ち出した。これは戦後日本の政権としては画期的なことだったが、原発維持をめざす勢力との政治的な確執もあって、その方向性を具体化させることなく退陣を余儀なくされた。その後の民主党は脱原発路線を後退させ、菅政権を引き継いだ野田政権は、むしろ原発維持のほうに力点を置きつつあるように見える。

このように見てくると、政権交代後の鳩山政権と菅政権、二つの政権はそれぞれ、沖縄の米軍基地問題、福島の原発事故問題で倒れたと言っても過言ではない。政権交代をきっかけに、戦後日本をかたちづくっていた日米安保体制下での米軍基地と、経済成長路線を支える原発推進の国策という二つの問題で、沖縄と福島（原発立地地帯）が国家システムのなかで「犠牲にされるもの」の位置に置かれていたことが目に見えるものとなった。これは、はたして偶然だったのか。

沖縄は日本の捨て石にされた

沖縄が戦後日本の国家システムのなかで「犠牲にされるもの」の位置にあったとは、どういうことだろうか。それを考える前提として、琉球が日本に組み込まれた一八七九年の琉球処分にまでさかのぼって沖縄の歴史を瞥見《べっけん》しておこう。

周知のように、現在の沖縄に当たる地域（琉球弧《りゅうきゅうこ》）は、一六〇九年の薩摩藩《さつまはん》侵攻以後その実質的支配を受けていたが、一九世紀後半まで、清と日本（薩摩藩と徳川幕府）のあいだにあって、琉球王国として独自の存在を維持してもいた。しかし、明治維新で成立した日本の新政府は琉球に軍隊を派遣し、軍事力で威嚇しながら琉球王国を廃止して沖縄県を設置し、琉球を日本に最終的に組み込んだ。これが琉球処分である。北方では北海道の開拓という名目で、アイヌモシリ（アイヌの大地）を侵略したこととともに、南方では沖縄が、近代日本最初の植民地になったということもできる。

以後、沖縄県は明治政府が推し進める同化政策の対象とされ、沖縄の人々は帝国臣民となるよう迫られていく。学校教育では沖縄の言葉が禁止され、「方言札《ほうげんふだ》」などを使いながら日本語が強制されていくことになるのをはじめとして、沖縄の人々の民族性を消し去って、天皇制のもとに組み込んでいく植民地教育が行なわれた。それが後の台湾や朝鮮半島での植民地教育の先駆けになったともされている。

このような植民地化、同化政策の果てに、沖縄戦という悲劇があった。アジア・太平洋戦争の最末期、日本の敗戦必至という状況のなかで、一九四五年三月二六日の慶良間《けらま》諸島への米軍上陸をスタートとして、同年四月から六月まで約三ヶ月間、沖縄は日米戦争の戦場となった。

米軍は、艦船一五〇〇隻《せき》、上陸兵員一八万人余という大部隊を投入して本格的な上陸作戦を繰り広げた。追いつめられた多くの島民は岸壁から身を投じ、あるいは身を潜めていたガマ（壕）で「集団自決」するなど、近代戦争史上、類を見ないほどの激戦と犠牲の末、日本軍第三二軍司令官・牛島満中将の自決によって組織的戦闘は終結した。かろうじて生き残った島民は、米軍管理の「保護区」に集められ、完全に米軍の支配下に置かれた。

この沖縄戦について沖縄の人たちは、日本の「捨て石」にされたという意識をもっているといわれる。当時の日本の支配層にとって最大の課題は「国体護持」だった。天皇制という国家の体制を維持すること。仮に敗戦となっても、天皇制だけは死守する必要があったから、「国体護持」が保証されるまでは戦争をやめることもできなかった。沖縄戦は「国体護持」の保証を得るまでの時間稼ぎだったという見方があり、「捨て石」にされたとはその意味である。

実際、沖縄戦前の一九四五年二月一四日、近衛文麿《このえふみまろ》元首相が昭和天皇に上奏文を提出し、敗戦必至の現状で戦争終結が遅れると国体護持が危うくなるので早急に終戦工作をしたほうがよいと提案したところ、天皇がこれを退けた事実がある（「近衛上奏」）。このときに近衛の上奏が聞き入れられて戦争が終結していれば、その後の沖縄戦、全国各都市への空襲、広島・長崎への原爆投下などはなかったことになろう。これらすべての後に、八月一四日の御前会議で天皇の「聖断」が下されて戦争は終結するが、これが「遅すぎた聖断」といわれるのもそのためである。

天皇メッセージ

沖縄戦の終結日は、一九四五年六月二三日とされている（この日は現在、沖縄では「慰霊の日」とされて公休日であり、沖縄全戦没者慰霊祭が行なわれる）。同年八月一四日には日本政府がポツダム宣言受諾を連合国に通達、翌一五日、昭和天皇から「終戦の詔勅」が国民に発表され、日本は敗戦に至った。

日本の敗戦後、沖縄戦で甚大な被害を受けた沖縄はどうなるのか。アメリカはすでに沖縄の恒久基地化を構想していたが、日本政府はどう出るのか。沖縄の将来が懸念されるなか、一九四七年九月二〇日付で出されたのが、沖縄に関する天皇メッセージと呼ばれるものだ。これは当時、宮内庁御用掛を務めていた寺崎英成《てらさきひでなり》がGHQ政治顧問シーボルトを介して米軍側に天皇の意向を伝えたもので、シーボルトが記録し、米国公文書館に保管されていたもの（通称「寺崎メモ」）を、政治学者の進藤榮一氏（当時、筑波大学助教授）が発見し、雑誌『世界』一九七九年四月号掲載の論文「分割された領土」のなかで紹介した。メッセージの内容は次のようなものだった（訳文は複数の既訳をもとに、筆者が適宜変更を加えた）。

「琉球諸島の将来に関する日本国天皇の見解」を主題とする在東京・合衆国対日政治顧問から一九四七年九月二二日付通信第一二九三号への同封文書

連合国最高司令官総司令部外交部　一九四七年九月二〇日

マッカーサー元帥のための覚え書

天皇の顧問、寺崎英成氏が、沖縄の将来に関する天皇の考えを私に伝える目的で、あらかじめの約束によって訪ねてきた。

寺崎氏は、米国が沖縄およびその他の琉球諸島の軍事占領を継続するよう天皇が希望している、と言明した。天皇の意見では、そのような占領は米国の利益になり、また日本を守ることにもなる。天皇が思うには、そのような措置は、ロシアの脅威を恐れているばかりでなく、占領終結後に右翼および左翼勢力が台頭し、そうした勢力によって、ロシアが日本に内政干渉する根拠に利用できるような「事件」が惹き起こされることをも恐れている日本国民のあいだで、広範な承認が得られるであろう。

さらに天皇は、沖縄（および必要とされる他の諸島）に対する米国の軍事占領は、日本に主権を残したままでの長期租借――二五年ないし五〇年ないしそれ以上の――という擬制に基づいてなされるべきだと考えている。天皇によれば、このような占領方法は、米国が琉球諸島に対して恒久的意図をもたないことを日本国民に納得させ、またそれによって、他の諸国とくにソヴィエト・ロシアと中国が同様の権利を要求するのを阻止することになるだろう。

そのための手続きについて寺崎氏は、（沖縄およびその他の琉球諸島の）「軍事基地権」の獲得は、連合国の対日講和条約の一部としてよりも、むしろ米国と日本との二国間条約によるべきだと考えていた。寺崎氏によれば、前者の方法は、強制された講和という色彩があまりに強すぎて、将来、日本国民の同情的な理解を危うくする恐れがある。

W・J・シーボルト

この文書は何を言おうとしているのか。主題は「琉球諸島の将来に関する日本国天皇の見解」とある。敗戦後二年を経過したものの、いまだ米軍占領下の日本で、新しい憲法（一九四七年五月施行）のもとで「日本国および日本国民統合の象徴」となった天皇が、ここでは、沖縄と南西諸島を米軍の軍事占領下に置き続けることを希望するというメッセージを発している。しかも、その軍事占領を「二五年ないし五〇年ないしそれ以上」という驚くべき「長期」のものとしているのである。そのような占領継続が「米国の利益」（benefit）になるし、「日本を守ること」（protection）にもなる、というのだ。昭和天皇はなぜこのような希望を米軍に伝えたのか。シーボルトはメモに、「この希望は疑いもなく（天皇の）私的利益（self-interest）に広く基づく」と記していた。それが天皇の「私的利益」であったなら、それはどんなものだったのか。

新憲法下で「象徴」となり、かつての神権天皇制下とは異なって一切の政治的権能を失っていた当人が、このような重大な外交上のメッセージを、政府の頭越しに行なったことは、昭和天皇の「二重外交」として論じられてきた。天皇がそのような「違憲」の疑いのある行為をもあえて行なった背景として、日本国憲法第九条によって日本軍が解体され、軍事力の保有が禁止されたなかで、今後日本の防衛をどうしていくのかについて、天皇が大きな不安を抱えていたという事情が指摘されている。要するに、自国の軍隊を頼もうにも軍隊がもてなくなってしまった以上、米軍に日本の防衛をゆだねるしかないと考えたのではないか、というわけだ。

日本の周囲には、ソ連を中心とする国際共産主義運動の勢力が伸張し、中国大陸では国民党に対して中国共産党が勢力を伸ばしていた。そうした国際状況下で、日本国の防衛のために、とりわけ「国体」を、天皇にとっては皇祖皇宗から受け継いだ万世一系の天皇制を守るために、何に頼ればよいのか。そのように考えたときに、対共産主義において同じ利害関係を有していた米国の軍隊に沖縄に駐留してもらう、それによって日本と天皇制を防衛する、こういう構想を天皇が抱いたとしても決して不思議ではない。

戦後沖縄の運命

ここで注目すべきは、沖縄の人々の意思とはまったく無関係なところで、天皇が米国に沖縄の運命にかかわるメッセージを発していることだ。事実、このメモには沖縄の人々の意思はまったく言及されていない。琉球諸島はあたかも無人の島々であるかのように、ただ「米国の利益」と「日本を守ること」のみが述べられている。「日本に主権を残したままでの長期租借という擬制」という形式、すなわち沖縄に対する日本の潜在的主権を米国に認めさせる形式をとろうとした点で評価する向きもあるが、その場合も「日本の主権」を保持することが問題なのであって、それに関する沖縄の人々の意思が無視されていることには変わりない。この覚え書によれば天皇は、戦後の新たな状況下で沖縄を米国に犠牲として差し出すことによって、日本の国益そして天皇制にとっての利益を得ようとしたのだと考えるしかないだろう。

「二五年ないし五〇年ないしそれ以上」にわたる軍事占領という事態の意味を、その犠牲の重さを、ヤマトの日本人はどれだけ理解できるだろうか。たしかにこの天皇メッセージは、それによってただちに戦後の沖縄の運命が政治的に決定されたと言えるものではなく、それがどのような政治的な効果をもったのかについては必ずしも明らかではない。進藤榮一氏は、この文書の重要性を「それがアメリカの政策決定者の〝琉球処分〟に多大の影響を与えたこと」に見ている。それは、沖縄の恒久基地化を狙っていたアメリカの立場を日本側から「正当化」する意味をもち、「なかんずく〝象徴〟天皇のメッセージであったがゆえに、正当化はいっそうの重みを持つものであった」とする（進藤榮一『分割された領土』）。たとえそこまでの政治的効果は認めない論者であっても、その後、戦後沖縄がどのような運命を辿《たど》ることになったかを考えるなら、このメッセージが恐ろしいほどの象徴性を帯びていることはやはり認めざるをえないだろう。

一九五一年九月八日、日本が連合諸国とサンフランシスコで締結した講和条約の第三条には、結果的に昭和天皇の意向に沿うことになる決定が書き込まれている。すなわち、「日本国は、北緯二十九度以南の南西諸島（琉球諸島及び大東諸島を含む。）（中略）を合衆国を唯一の施政権者とする信託統治制度の下におくこととする」。「信託統治制度」は、天皇メッセージにある「日本に主権を残したままでの長期租借という擬制」という形式とは異なる。にもかかわらず、この条文によって、米軍は沖縄に駐留し続け、広大な米軍基地を建設し、「琉球列島米国民政府」の名のもとで沖縄を支配することになった。民政府（Civil Administration）とはいうものの、歴代の民政府長官、副長官、高等弁務官はすべて例外なく軍人（駐留軍高官）であり、事実上の軍政であった。つまり、昭和天皇が望んだように「軍事占領」が続いた。日本復帰後四〇年、戦後七〇年近くを経過しても、在日米軍専用施設の四分の三が沖縄に集中し、人々は米軍の存在に苦しんでいる。まさに「二五年ないし五〇年ないしそれ以上」にわたって、事実上の「軍事占領」が続いていると言えるのではないか。

沖縄の犠牲なしに戦後日本は成り立たなかった

日本国は、連合諸国と講和条約を結んで連合軍の占領状態から脱し、主権を回復し、国際社会に復帰した。ところが、その同じ講和条約のなかで、日本政府は沖縄を米国に差し出す条文を承認していた。サンフランシスコ講和条約が発効した一九五二年四月二八日が、沖縄で「屈辱の日」と意識されるのはそのためだ。ヤマトの日本人にとっては、国際社会に主権国家として復帰した記念すべき祝賀の日が、沖縄の人々にとっては、沖縄戦に続き再び日本国家に「捨て石」にされた屈辱の日になってしまったのだ。

このようにして、日本の敗戦後、沖縄は米国の軍政下で再出発した。それは米軍が支配する島であり、事実上の「植民地」状態であり、米軍兵士の犯罪や暴力をはじめとして、さまざまな被害を強いられる時代の始まりだった。それに対して、島ぐるみ闘争から「コザ暴動」に至る多くのレジスタンスもなされてきたが、米軍の支配自体を変えることはできなかった。

一九七二年、複雑な論争を経ながらも、沖縄は日本に「復帰」することになり、日本国憲法下に入ることによって、米軍基地からの解放が期待されたりもしたのだが、そのようにはまったく事態は進展しなかった。

日本復帰後も沖縄には広大な米軍基地が存続し、爆音被害や事故の危険など基地の存在だけでも被害が続いている。また、米軍関係者は不平等な日米地位協定のもとで、あたかも治外法権があるかのように特権的存在としてふるまっている。一九七二年から一九九九年までに米軍関係者（軍人・軍属・家族）が起こした刑法犯罪は四九五三件、そのうち五二三件は殺人、強盗、強姦、放火の凶悪犯である。そして「犯罪件数の多さや犯罪内容のひどさもさることながら、罪を犯した米兵が特権によって守られていることは、県民からすれば、どうみても納得できないことである」（大田昌秀『沖縄、基地なき島への道標』）。このような被害、こうした犠牲はすべて、日本国政府とアメリカ合衆国政府が締結している日米安保条約のもとで、沖縄の人々に押しつけられてきたものである。

戦後日本国家にとって日米安保体制は、憲法にも優越するかとさえ思われる、かつての国体に匹敵するような最高度の国家システムと化している、と言わざるをえないのだが、そうだとすれば、沖縄の犠牲なしに戦後日本は成り立たなかったと言っても過言ではないだろう。

〇・六パーセントの土地に七四パーセントの負担

くどいようだが、沖縄には在日米軍専用施設面積の約七四パーセントが存在する。沖縄県は、面積にして日本全国の〇・六パーセント、人口にして一パーセント程度の小規模な県である。そこに全国の七割以上の米軍基地負担が集中させられているのは、差別ではないのか。沖縄の近代史を想起するなら、これは今なお植民地主義が継続しているということではないのか。

沖縄が植民地のように支配されているということは、そこに植民する側、植民地宗主国が存在するということである。沖縄を植民地化している宗主国はといえば、これは当然、日米安保体制を構築して沖縄に米軍基地を置いている日米両政府、日米両国家だということになる。

もちろん、沖縄の植民地化は、法律によって制度化されているわけではない。沖縄県は日本国四七都道府県の一つだし、沖縄県民は日本国民の一部として、日本国憲法上のあらゆる権利が本来は平等に保障されているはずの存在だ。したがって、沖縄を植民地のように差別することは法的には正当化できないのだが、しかし、これまで指摘してきた多くの現実が、事実上は沖縄が植民地のように支配されていることを物語っているだろう。

二〇〇四年八月一三日、普天間基地所属の米軍ヘリコプターが沖縄国際大学（宜野湾市）のキャンパスに墜落炎上するという事件があった。このとき、米軍は事故現場を一方的に封鎖して、大学関係者の立ち入りを禁止し、現地消防や沖縄県警の現場検証をも拒否するという挙に出た。まぎれもなく日本国の領土内で起きた事件であったにもかかわらず、米軍が事故機を撤去してしまうまで沖縄県警はじめ日本側はなすすべもなく見守るだけという、治外法権的状況があらわになった。このような状況に対して、日本政府はしかし抗議もしない。なぜならそれは、日米両政府によって正当化された事態だからだ。そして、このような状況から利益を得ているのは米国側だけでなく、日本政府もまたそうだからである。

沖縄の植民地的状況は、日米両政府によって正当化されている。ところで、その日米両政府の政策を是認し、支えているのはだれかといえば、それは日米双方の国民である。とくに、沖縄が日本国の一部である以上は、日本政府が認めなければ米軍はそこにいることができないのだが、その日本政府の政策を是認し、支えているのは日本国民なのである。要するに、日本国民が有権者として選択している政府の政策によって、沖縄の植民地的状況が生み出されている。ということは、沖縄を植民地支配しているのはつまるところ日本人（ヤマトの日本人）だということにならざるをえない。

無意識の植民地主義

日本人が沖縄を植民地支配していると言ったら、日本人（沖縄の言葉でウチナーンチュ＝沖縄人に対して、ヤマトンチュと呼ばれる日本人）の多くは、どういう反応をするだろうか。

いや、自分は沖縄を差別しているつもりはない。沖縄を犠牲にしてきたつもりもない。米軍基地が多いのは知っているけれども、それは軍事戦略上や地政学上等さまざまな理由で置かれているんだろうし……などといった反応が返ってくるのではないだろうか。沖縄が植民地であり、日本人が植民者であるという意識をもっている人は、おそらくほとんどいないだろう。

野村浩也《のむらこうや》氏（広島修道大学教授）は、著書『無意識の植民地主義』において、日本人の沖縄に対する無意識的な植民地主義の実態をきわめて鋭く批判的に分析している。そこで野村氏は、日本人は沖縄を差別していない、沖縄は植民地などではないと言うのであれば、米軍基地をもって帰れと言われたらどうするか、と問いかけている。

日本人：「沖縄だーい好き！」
沖縄人：「そんなに沖縄が好きだったら基地ぐらいもって帰れるだろう。」
日本人：「……（権力的沈黙）」

日本人：「沖縄と連帯しよう！」
沖縄人：「だったら基地を日本にもって帰るのが一番の連帯ですね。」
日本人：「……（権力的沈黙）」

日本人：「沖縄人もわたしたちと同じ日本人です。」
沖縄人：「ならどうして沖縄人をスパイ呼ばわりして殺したんだ？　どうしてヒロヒトは沖縄をアメリカに売り渡したんだ？　どうして琉球王国を滅ぼしたんだ？　どうして琉球語を禁止したんだ？　どうして沖縄人にだけこんなにも基地を押しつけるのか？　どうして差別するんだ？」
日本人：「……（権力的沈黙）」

日本人：「（独白）。沈黙こそわが利益。聴かないことこそわが利益。応答しないことこそわが利益。植民地とはそういうもの。原住民の声なんて聴く必要はない！」

つまり、こういうこと。

（野村浩也『無意識の植民地主義』）

ここには、米軍基地負担の沖縄への差別的押しつけという現実を無視して、沖縄の自然や文化を「愛して」みたり、沖縄の基地反対運動に「連帯」して年に一回、沖縄を訪れて「ヤンキー、ゴー・ホーム！」と叫んでみたり、「沖縄の人だって同じ日本人じゃないか」と言って安心しようとしたりする日本人に対する、根本的な不信と批判が皮肉たっぷりに描き出されている。沖縄人からの問いかけに対して、日本人は沈黙し答えないでいさえすれば、植民者としての既得権益を維持することができる。それが「権力的沈黙」である。人口比にして九九パーセント（ヤマト）対一パーセント（沖縄）という格差は、圧倒的な力の差を示している。日本人は沈黙に引き籠ってしまいさえすれば、放っておきさえすれば、現実を変えずに、植民地支配から利益を上げることができるのだ。

「沖縄人にだけ米軍基地の負担を押しつけるのではなく全国民で平等に負担しよう」と真剣に主張し運動する日本人はほとんど皆無だ。それもそのはず。沖縄に米軍基地を集中させることは、沖縄人を犠牲にすることによって日本人が負担を逃れる方法であり、まぎれもなく日本人の利益となる。したがって両者の関係をあたかも自然現象のように「温度差」などと表現するのは日本人に都合のよいだけの大嘘だ。現実は正反対の利害関係であって、沖縄人はいつも犠牲で日本人はいつも利益を奪取しているのだから、植民地主義的関係にほかならない。（同前）

この植民地主義的関係は、意識的というよりは無意識的であるがゆえにいっそう厄介なものである。

野村氏はこうも言う。

ほとんどの日本人は、安保を成立させた自己の責任を自覚していないし、沖縄人に在日米軍基地を押しつけていることを意識していない。いいかえれば、安保の当事者であるという意識はほとんどない。（中略）

安保を成立させている当事者としての自覚がないという自己欺瞞は、日本人にさらなる自己欺瞞を可能にさせる。もしも安保の当事者でないとすれば、安保を負担する責任はないし、安保の負担を他者に押しつけることも不可能だということになるからだ。このような意識過程を通して、自分こそが沖縄人に安保の負担を過剰に押しつけている張本人だということを、ほとんどの日本人が忘却できたのだといえよう。いいかえれば、無意識的に沖縄人に基地を押しつけ、無意識のうちに沖縄人を犠牲にすることによって、無意識のうちに沖縄人から利益を搾取することが可能になったのだ。すなわち、ほとんどの日本人は、みずからの植民地主義に無意識なのである。（同前）

ここに、私が本書で提起している犠牲のシステムの典型的な構造があることは明らかだろう。犠牲のシステムの一般的な定式を繰り返しておこう。「犠牲のシステムでは、或る者（たち）の利益が、他のもの（たち）の生活（生命、健康、日常、財産、尊厳、希望等々）を犠牲にして生み出され、維持される。犠牲にする者の利益は、犠牲にされるものの犠牲なしには生み出されないし、維持されない。この犠牲は、通常、隠されているか、共同体（国家、国民、社会、企業等々）にとっての『尊い犠牲』として美化され、正当化されている」。植民者と植民地（の人々）との関係は、「犠牲にする者」と「犠牲にされるもの」との関係にほかならない。ここでは「犠牲にする者」が日本人（ヤマトの日本人）、「犠牲にされるもの」が沖縄人であること、言うまでもない。米軍基地負担を免れるという日本人の利益は、米軍基地負担を過剰に押しつけられるという沖縄人の犠牲によって生み出され、その犠牲なしには維持されえないのである。

可視化された犠牲のシステム

本章の冒頭で述べたように、戦後初めての本格的な政権交代で鳩山政権が誕生した際に、鳩山首相が普天間基地の「最低でも県外移設」（できれば国外移設）を掲げたことによって、沖縄への基地の集中、沖縄県民の過重負担の問題が「国民的」注意を引くこととなった。二〇〇九年九月ごろから翌年五月ごろまで、わずか約九ヶ月という期間ではあったが、結果的に鳩山首相の方針が潰されていくプロセスを含めて、沖縄に押しつけられている植民地的状況が、日本（ヤマト）のマスメディアでも大きく取り上げられることになったのだった。

この意義は決して小さくない。鳩山政権が結局は現状を変えることができず、最後は白旗を挙げて辺野古移設に回帰してしまったこと、その後の民主党政権が、自民党政権下と同じ「日米同盟」最優先と沖縄への負担の押しつけ路線に戻ってしまったという結果から見れば、まさに元の木阿弥《もくあみ》である。しかし、戦後半世紀以上にわたって続き、一九九五年の問題噴出があったにもかかわらずまたしてもヤマトの日本人の意識から遠ざけられ、排除されていた問題に、不十分ながらもマスメディアの光があたり、全国規模の報道が続いたということは無視できない。なぜならそれは、沖縄以外の日本国民、この国での九九パーセントを占める圧倒的多数派のヤマトンチュの「普通の人々」も、もはやこの問題を知らないと言うことはできなくなったことを意味するから。

戦後ずっと、「二五年ないし五〇年ないしそれ以上」にわたって存在し、沖縄の人々がその犠牲となってきたシステム、戦後日本国家の安全保障政策の根幹に組み込まれていた犠牲のシステム、沖縄にあっては一日たりとも問題でなくなる日はなく、視界から消えることのない脅威であり続けているのに、ヤマトにあってはまったく存在しないかのごとく隠され、見えなくされてきたシステム。それが、政権交代直後の一時期、「国民的」規模で可視化され、眼を閉じない限り見えるものとなったのである。

可視化されたからこその「感謝」表明

鳩山首相とその政権の意志と能力、そして準備の如何によっては、ほんのわずかでも植民地状況を改善に向けて動かすことができたかもしれない。「ほんのわずか」というのは、普天間基地が沖縄外に移設されたとしても、沖縄の負担は七四パーセントから一・六パーセントしか減らないからだ。その「ほんのわずか」でさえ動かそうとすれば、既得権益勢力からの猛烈な逆襲によって蹉跌《さてつ》を余儀なくさせられるのだ。

政権交代後、鳩山首相が県外移設の方針を捨てないと見るや、日米安保体制から利益を得てきた安保マフィアといわれる勢力をはじめ、政権与党の民主党のなかからも、国外移設や県外移設といったことは夢物語であって、そのような方針にこだわることは日米同盟関係を危うくするものだという論調が強まった。日本のマスメディアのほとんどが、戦後日本の基軸、安全保障の基軸であった日米同盟関係を揺るがしかねないとして危惧を表明し、反対キャンペーンを張った。そうした鳩山包囲網のなかで、日本の政治のリーダーである首相自身が孤立して追いつめられていく流れがつくり出されていった。

このプロセスのなかで、日本の有権者がどのような声をあげたか、あげなかったかということが重要なポイントになる。国民のなかからも、日米安保体制や在日米軍基地の存在そのものについてはもとより、沖縄に偏っている基地負担を平等にすべきだとか、少しでも共有すべきだという声が大きくあがらなかったことは見逃すことができない。ここまで問題が可視化された以上、政府の決定を支える日本の主権者、有権者の責任をごまかすことはもはやできないはずである。

辺野古移設の日米合意を推進するとした菅直人首相は、最初の所信表明演説で沖縄に触れ、「長年の過重な負担に対する感謝の念を深めることから始めたい」と述べた（二〇一〇年六月一一日）。「慰霊の日」に沖縄全戦没者慰霊祭に出席した際も、挨拶で、「沖縄のご負担がアジア・太平洋地域の平和と安定につながってきたことに御礼を表したい」と語った（二〇一〇年六月二三日）。「これ以上犠牲を強いられるのはごめんだ」と反発が高まっているのに「感謝」しながら基地を押しつけ続けるのかと、ますます沖縄では反発が高まった。

菅首相の言う「負担」を「犠牲」に置き換えてみれば、ここで何が起きているのかが見えやすいだろう。菅首相は、沖縄の犠牲は日本の戦後を成り立たせてきた「尊い犠牲」であったとして「感謝」しているのだ。

先にも述べたように、犠牲のシステムにおいて犠牲は「通常、隠されているか、共同体(国家、国民、社会、企業等々)にとっての『尊い犠牲』として美化され、正当化されている」。犠牲を隠しきれなくなったとき、それがだれの目にも明らかな見えるものとなったとき、犠牲は「尊い犠牲」として美化されたり、正当化されたりする。ここでは「感謝」の対象として、一方的に美化され、正当化されたのである。菅首相の「慰霊の日」発言直後の六月二四日、米国議会下院でも、米軍基地を受け入れる沖縄に「感謝」する決議を採択、さらに同月二九日、上院でも「感謝」決議が挙げられた。植民地宗主国側が日米ともに、植民地に強いている犠牲を「尊い犠牲」として「感謝」しているわけである。

沖縄は眠ってなどいなかった

当時のマスコミ、またインターネットの論調のなかでは、「寝た子を起こした」というフレーズが目についた。鳩山民主党が選挙の票目当てで、「最低でも県外移設」などと言わなければ問題はなかった、できもしないのに余計なことを言うから沖縄が本気になって基地反対を言っている、アメリカも怒っている、北朝鮮や中国の脅威があるのにアメリカに守ってもらえなくなったらどうするのか、寝た子を起こしたのは鳩山だ、責任をとって辞任せよ、といった類の論調だ。沖縄県民を「寝た子」にたとえて語るこの感覚は、植民地主義に特徴的なパターナリズム（paternalism）そのものである。

つまり、ヤマトの日本人は親であり、沖縄県民は子どもだというのだ。子どもが眠っているのに、親がわざわざそれを起こして騒がせる必要はないという感覚。加えていえば、寝た子が起きて騒ぐと親はご主人様に怒られ、ご主人様に保護してもらえなくなるから、寝た子は眠らせておかなければならない、ということになろうか。

ここでは沖縄の人々の意思はまったく無視されており、沖縄の人々の生活、その運命を日米両国民が決定するのは当然とするようなパターナリズムが、その暴力性に気づいているのかいないのか、いささかの躊躇もなく表明されている。

しかし、もちろん沖縄は寝ていたわけではなかった。

沖縄が寝ていたなどと思っていたとすれば、それはまさに、植民者である日本人が沖縄のことを無視しても生きてこられた、沖縄のことを知らなくても生きてこられたという、その特権性を表わしているのである。そもそも、鳩山民主党が新たに移設問題をつくり出したかのように思いこんでいること自体、それまでまったく沖縄の基地問題に関心を向けていなかったことの証左である。

沖縄は眠ってなどいなかった。戦後ずっと、そうであった。そのことを知らないこと自体、まさに植民地主義そのものなのだ。

第五章　沖縄に照射される福島

普天間飛行場
写真提供：毎日新聞社

これまで、戦後日本の日米安保体制は、沖縄をスケープゴート（犠牲の山羊）とする一つの犠牲のシステムであったこと、そこには、戦後日本の継続する植民地主義があったこと、そして、日本人の無意識の植民地主義がそこに組み込まれていたこと、などを論じてきた。ここで翻って、福島についても、そこに一種の植民地主義が存在しているのではないか、という問いを提起してみたい。

「植民地」としての福島

福島原発事故であらわになった構図の一つは、本来東北電力の管内である福島県浜通り地方に、東京電力の二つの原子力発電所、合わせて一〇基の原子炉が集中立地されていて、その原発のリスクはまず第一に福島県民が負っているにもかかわらず、その利益は関東地方、東京電力管内で享受されているというものだった。

これは、東京電力の柏崎刈羽原発が新潟県に立地されているのと同じ構図である。新潟県は東北電力の管内だが、そこに東京電力が原発を立地している。逆に、関東地方には東電の原発は一つもない。ちなみに、茨城県東海村の原発は、日本原子力発電が事業主であって東電の発電所ではない。

同じ構図は、関西電力の三つの原発がすべて福井県若狭湾沿岸に立地していることにも表われている（美浜《みはま》原発、高浜原発、大飯《おおい》原発）。全国五四の原発はいずれも、第二章で見たように原子力委員会の指針によって、人口過疎の地域に置くことになっており、また東京、横浜、名古屋、京都、大阪、神戸などの大都市と周辺地域には、原発を立地してはならないことになっている（原子力発電施設等立地地域の振興に関する特別措置法および同法施行令）。

すでに確認したように、原発を立地するということは、過酷事故があった場合の深刻な犠牲の想定と不可分であり、そのリスクを地方に押しつけながら都市部の住民が利益を享受する、そして何よりも、国家の庇護のもと電力会社と原発関連企業が莫大な利益を上げるという差別構造を含んでいる。

これは、首都圏（中央）をはじめとする都市部と地方とのあいだに、一種の植民地支配関係があることを示してはいないだろうか。つまり、そこには法的・制度的な意味での植民地は存在しないが、沖縄の場合と似た意味で、事実上の植民地主義が作用しているのではないか。原発の場合でも、その利益を享受している植民者側の人々は、それが植民地主義であることをふだん意識することはない。ということは、ここにもまた無意識の植民地主義が存在するのではないだろうか。

沖縄と福島――その相違点と類似点

もちろん、沖縄と福島の「植民地」としての位置は同じものではない（「福島」という名前は、ここでは福島県を指すと同時に、全国の原発立地地域の象徴でもあるような名前として使いたい）。

植民地支配は、かつての日本でいえば典型的には朝鮮や台湾などで行なわれていたものであり、そこには法制度上も明白な差別が存在した。朝鮮や台湾には帝国憲法は適用されていなかったし、戸籍上の差別その他、イデオロギー的・政策的には「一視同仁」とか「内鮮一体」とか叫ばれながらも、その実、差別が厳然として存在していたことはあらためて言うまでもない。

こうした台湾や朝鮮に対する植民地支配に先立って、明治維新後いち早く明治政府の琉球処分によって日本に併合されたのが沖縄であったことはすでに述べた。旧日本帝国において沖縄は、朝鮮や台湾とは区別された内国植民地であって、沖縄の人々も朝鮮や台湾に対しては、「日本人」として植民地支配者の位置にあったということができるだろう。

だから、日本がかつて朝鮮や台湾を植民地支配したことと、戦後日本において沖縄が日本の一種の植民地であったこととを同じ意味で語ることはできないし、ましてや福島や原発立地地域が中央や都市部の一種の植民地であるということを同じ意味で語ることはできない。朝鮮や台湾が日本の植民地であったという場合の「植民地」、戦後日本において沖縄がヤマトの一種の植民地であったという場合の「植民地」、さらに、福島や原発立地地域が中央・都市部の一種の植民地であるという場合の「植民地」、これらそれぞれにおける「植民地」の意味は決して同じではない。

さらに、ここで比較の対象としている沖縄と福島の違いについていえば、沖縄の米軍基地は沖縄県民が誘致して存在しているわけではないという明白な事実がある。先にも触れたように、沖縄戦で侵入した米軍がそのまま居座るなかで、サンフランシスコ講和条約第三条で沖縄の施政権が米国にゆだねられた。米軍は、いわゆる「銃剣とブルドーザー」によって沖縄県民から土地を強制的に接収し、そこに軍事基地を拡大していった。それが今日に至る米軍基地の発端であり、沖縄の人々は誘致したどころか、暴力的に土地を奪われて軍事基地を押しつけられたのだ。

それに対して、福島などの原発立地地域では、当該の原発立地自治体が誘致してはじめて原発は立地できる。そこでは一応、地方自治という建前のもとで議会が誘致決議をし、首長がそれを誘致するかたちをとっている。この違いを無視することはできない。

沖縄と福島には、このような無視できない違いがいくつも存在する。にもかかわらず、やはりそこには一種の類似した植民地支配関係が見てとれるし、そのように見ることによって浮かび上がってくる重要な面も存在するはずだと私は考える。

まず第一に、いずれの場合にも、そこには構造的な差別がある。構造的な差別があるということは、そこに差別の主体がいないということではまったくなく、ネットワークをなす集団的主体によって、差別構造が意識的あるいは無意識的に選択され、維持されていることを意味する。

沖縄の米軍基地については、日米安保体制の維持という日本政府の政策、国策のもとでそれが正当化されており、安保条約自体にはそんなふうには書かれていないのに、沖縄への基地集中が正当化されてきた。原発の立地についても、経済大国日本を支えるエネルギーとして原発を推進するという国策に沿って、原発立地自治体はその国策に協力するというかたちでこれを受け入れてきた。

交付金・補助金による利益誘導

第二の類似点として、経済的な利益によって、そのリスクや負担、すなわち犠牲が補償されるかたちをとっていることが挙げられる。沖縄あるいは福島は経済的に困っているので、そこに米軍基地を置くこと、あるいは原発を立地することと引き換えに、中央政府から経済的な利益を提供する、という構図である。

沖縄については、沖縄振興特別措置法により予算が割り当てられ、中央政府から補助金が投下される。原発立地自治体には、電源三法に基づいて交付金が交付される。これらは、基地あるいは原発というリスクを引き受けてもらうための「アメ」として提供されていることになる。

「沖縄では、基地があることによって補助金が投下され、基地関連の雇用が生まれ、基地は現地経済の一部として欠かせないものになっている。だから、基地を撤去するなどと言えば困るのは沖縄の人たちだ。基地は必要なのだ」といった議論が、しばしば行なわれている。

同様に、原発についても、「原発が立地すれば過疎地の自治体には夢のような莫大な交付金が投下されるだけでなく、電力会社からこれまた莫大な固定資産税が手に入り、さらに原発関連の雇用が生み出されて経済的に潤う。だから、原発が廃炉になれば立地自治体のほうが困ってしまう。原発は必要なのだ」という議論もしばしば行なわれている。

たしかに、お金が投下されて沖縄や原発立地自治体の財政が潤うこと、また、基地や原発が関連職種で働く人々の収入源になっていることは事実だ。しかし、さまざまなデータが示すところでは、基地や原発に基づく財政収入が大きければ大きい自治体・地域ほど、経済的な自立が損なわれ、長期的に見れば、地域経済や地方自治にとってむしろマイナスになっていることも知られてきている。

本当に地域の役に立っているのか

佐藤栄佐久・前福島県知事は、一九九一年、福島第一原発の立地する双葉町議会が原発増設の要望を議決したのを知って、「(原発が) 二基ある双葉町は財政的に恵まれているはずで、なぜ」と首をかしげたという。

「原発が本当に地域振興の役に立っているのだろうか」との問題意識から、原発に代わる浜通り地方の新たな地域振興策を考えていた矢先だった私は、ショックを受けた。

「原発の後の地域振興は原発で」

という要望が地元から出てきたということは、運転を始めて約二〇年、原発が根本的な地域振興のためになっていなかったことの証明だった。

地元にとって、原子炉が増えるメリットは、建設中の経済効果と雇用が増えること、自由には使えないが、国から予算が下りてくることだ。しかし、三〇〜四〇年単位で考えると、また新しく原発を作らないとやっていけなくなるということなのか。これでは、麻薬中毒者が「もっとクスリをくれ」と言っているのと同じではないか。自治体の「自立」にはほど遠い。

（前掲『知事抹殺』）

やがて、双葉町は財政状態が悪化して破綻寸前となり、二〇〇九年に早期健全化団体に指定される。翌一〇年には早期健全化団体から脱却したが、翌一一年三月に原発事故で壊滅的打撃を受けることになったわけだ。原発に依存し、原発「中毒」になった結末がこれでは浮かばれない。そもそも、「原発がなくなったら立地自治体が困る」といわれていること自体、自前の経済ではやっていけなくなってしまっていることではないか。

大田昌秀・元沖縄県知事は、在任中、基地返還による経済効果をまとめる作業を行なったところ、「基地の撤去によってより大きな利益を生んでいる地域がいくつもある」ことが確認されたという。典型例は沖縄本島中部北谷町《ちやたんちよう》のハンビータウン。そこが海兵隊の飛行場として使われていたときの軍の雇用数はわずか一〇〇人程度だったが、返還後には約二〇〇億円の投資がなされ、労働人口は一万人に増えた。北谷町が熱心に再開発に取り組んだところ、大手スーパーや郊外型店舗が進出し、若者に人気のある街に生まれ変わったのである。ちなみに宜野湾市の普天間基地は、この旧ハンビー飛行場の一一倍の広さがあるのに、雇用数はたったの一七三人。もし普天間基地が返還されて跡地が有効利用されれば、現在の十数倍の雇用が生まれるのではないか、と大田氏は言うのである。

見えない前提――地域格差

沖縄についても、福島についても、基地や原発によるリスクは、経済的なメリットが提供されていることによって十分補われているという議論についてさらにつけ加えるなら、その背景には、やはり地域ごとの経済格差がある。

たとえば、青森県には六ヶ所村など原発関連施設が集中させられているが、福島原発事故後の二〇一一年六月に行なわれた青森県知事選でも、原発推進派の現職・三村申吾《みむらしんご》氏が三選をはたした。三村知事は菅首相の脱原発宣言に反発した人物である。三村知事の姿勢の背景には、原子力関連事業が県内の主要な産業となっており、原発の稼働を止めたら県の経済が回らなくなるとの認識があるものと考えられる。

地方の自治体が原発の安全性に不安をもちながらも、「安全神話」を頼んで原発を誘致する背景には、経済的な貧しさがあることは確かである。沖縄県もまた、たとえば一人当たりの県民所得でみれば、全国でも最下位のレベルにある。だが忘れてならないことは、まさにこうした地方の貧しさ、大都市圏との経済格差が、日本近代の歴史のなかでつくられてきたものだという点である。

米軍基地を負担してでも経済的な利益を求めるという考えが沖縄にあるとしたら、それは琉球処分以来の植民地主義のもと、沖縄が周辺化され、経済的な発展から取り残されてきた歴史があるからだろう。同様に、原発に頼らなければ生きていけないと考えるようになった自治体があるとしたら、それは戦後日本の経済成長のなかでも比較的に後れを取り、人口流出などによって取り残されてきた地域であって、いずれも日本の近代化プロセスのなかで経済的な弱者の位置に置かれることになった、そのような地域なのである。そうした地域の貧しさを生み出したのも、それ自体じつは植民地主義だったのではないかということを問い直さなければならない。

近代化の運動そのものを問い直すことは、たしかに巨大で困難な課題である。しかし、今や求められているのはそういうことなのだと思う。

植民地主義を正当化する神話

沖縄と福島の第三の類似点として、このような構造的差別、意識的・無意識的な植民地主義を隠蔽するために、「神話」が必要とされてきたということが挙げられる。

沖縄の米軍基地の場合、その存在は日本にとって周辺諸国（以前のソ連、近年の中国や北朝鮮）に対する抑止力になっているという、いわゆる抑止力論がそれである。この論こそ、鳩山首相に普天間基地の県外移設を断念させた当のものであったのだが、しかし、アメリカが沖縄に軍事基地、海兵隊を置いているのは、日本を守るためでは必ずしもなく、あくまでアメリカの利益の範囲内でそうしているにすぎない、という議論が根強く存在している。

原発については、あらゆる手段で強調されてきたその安全性が神話にすぎないことを、福島原発事故が徹底的に暴露してしまったことはもはや明らかだろう。これまで安全性を強調してきた人たちが、福島原発事故の説明に窮するような矛盾をどれほど犯してきたかについては、第三章でも挙げた川村湊『福島原発人災記』や広瀬隆、明石昇二郎『原発の闇を暴く』に詳しく紹介されている。

もう一つの神話——民主主義

沖縄に対する無意識の植民地主義は、日本国憲法の民主主義的原則によってむしろ正当化されているという議論を知る必要がある。野村浩也氏は、次のように論じている。

日本人が沖縄人に米軍基地を強制しつづけて六十年。日本人は、沖縄人への基地の強制を、選挙という民主主義の手続きを通して実現してきた。沖縄人への基地の押しつけは、日本人の民主主義によって達成され、その民主主義は日本国憲法という最高法規によって正当化されているのだ。つまり、日本人の民主主義は、最初から今日まで、多数者の独裁に堕落しつづけてきたのである。沖縄人は日本国民人口の約一パーセントでしかなく、国会議員も最高で十人しか出したことのない圧倒的少数派である。多数決原理が採用されている以上、沖縄人の意志が踏みにじられるのは最初からあきらかなのだ。したがって、民主主義と植民地主義とはけっして矛盾しないのである。植民地主義はその内部に民主主義を含んでいる。現代の植民地主義は民主的植民地主義なのだ。

（前掲『無意識の植民地主義』）

前述したように、沖縄県民は人口でいえば日本国民の約一パーセントにすぎない。したがって、民主主義的な選挙制度や多数決原理をあてはめれば、沖縄県民がいかに米軍基地の過重負担に反対したとしても、ヤマトの日本人がそれを肯定する政治的意思を表明すれば、沖縄の声は圧倒的多数をもって否定されてしまうという構造がある。

現在も、沖縄県選出・出身の国会議員はわずか八名（衆議院五名・参議院三名）であって、これではいくらがんばっても、国会で多数派となることは永遠に不可能だ。

直接民主主義に訴えても同じだ。沖縄に米軍基地が集中している現状について、仮に国民投票で賛否を問うた場合、ヤマトの日本人がいわゆるＮＩＭＢＹ（Not In My Backyard＝迷惑施設は自分の裏庭には来てほしくない）という態度をとれば、沖縄の希望は圧倒的多数をもって否決されてしまう。これが植民地主義の実態である。

原発についても同じことが言える。国策として原発を推進することが国民多数の意思として決定されてしまうなら、すでに原発が存在する地域や、今後原発が建設される地域には、そのリスクが民主主義的に押しつけられてしまうのだ。

国民投票の危うさ

国民投票の危うさもここにある。福島原発事故後のイタリアのように、九四パーセント以上の圧倒的多数で脱原発が選択されることもありうるのだが、逆に、大都市圏、つまり原発が立地していない人口集中地域の多数の国民が、「やはり原発は必要だ」と国民投票で投票すれば、原発が立地する人口過疎地域の住民が束になってかかっても、圧倒的多数で推進が決定されてしまう可能性も否定できない。

したがって、いわゆる多数決原理としての民主主義は、むしろ差別を正当化する、植民地主義を民主主義的に正当化するために使われる恐れがないとは言えない。

福島において、沖縄における日米安保に当たるもの、それは原子力基本法等によって実施されてきた原発推進という国策だろう。その背景には、経済成長のためのエネルギー源に何を使うかという議論があり、結局いくつかの選択肢のなかから、電力会社と原発推進勢力にとって最も利益が大きいと考えられたことで原発が選択されてきた。

沖縄についても、日本の安全保障政策としては、エネルギー政策と同様にいくつかの選択肢があったわけだが、そのなかで日米安保という体制が選択され、その体制のもとで沖縄に基地が集中させられてきた。

原発推進という国策のもとで、原発が福島に集中する、新潟に集中する、福井に集中するのではないケース、要するに、全国で比較的平等に負担するということも考えられないわけではないが、しかし、そうはならなかった。

犠牲となるのはだれか

沖縄の米軍基地と、福島に象徴される原発の存在が、戦後日本の国家社会に組み込まれた、それぞれ重大な犠牲のシステムではなかったのかという議論をしてきた。

犠牲のシステムについてあらためて確認すると、次のようなことである。

「犠牲のシステムでは、或る者（たち）の利益が、他のもの（たち）の生活（生命、健康、日常、財産、尊厳、希望等々）を犠牲にして生み出され、維持される。犠牲にする者の利益は、犠牲にされるものの犠牲なしには生み出されないし、維持されない。この犠牲は、通常、隠されているか、共同体（国家、国民、社会、企業等々）にとっての『尊い犠牲』として美化され、正当化されている」

このような犠牲は、国家社会を営むうえで避けられないものであり、いわば必要悪ではないか、という議論があるかもしれない。

共同体全体の利益、たとえば国家・国民全体の利益、それを国益と称するならば、国益という大きなもののためには、一部の少数者の犠牲はやむをえず出てしまうものであり、いかなる犠牲もなしには国家社会の運営は不可能である、という議論。犠牲のシステムをそのようにして正当化しようという議論である。

しかし、問題はまず、その犠牲をだれが負わなければならないのか、ということだ。

この問題に関して想起したいのは、久間章生《きゅうまふみお》元防衛大臣の発言である。久間氏は橋本内閣と安倍内閣で防衛庁長官を歴任し、安倍内閣のときに防衛庁が防衛省に改組されて初代の防衛大臣を務めた政治家だが、防衛大臣在任中、長崎への原爆は「しょうがなかった」発言が、被爆者をはじめ多くの人々の反発を呼んで辞任した。この人が有事法制をめぐる龍谷大学の山内敏弘教授との対論で、次のように発言しているのである（発言当時の久間氏の肩書きは自民党政調会長代理）。

「国家の安全のために個人の命を差し出せなどとは言わない。が、九〇人の国民を救うために一〇人の犠牲はやむを得ないとの判断はあり得る」（朝日新聞、二〇〇三年六月三〇日）

「九〇人の国民を救うために一〇人の犠牲はやむを得ないとの判断はあり得る」。これはまさしく、犠牲の論理を正当化する発言である。防衛庁長官や防衛大臣を歴任した為政者が、このような発言をするということは、彼らの頭の中では常にこういう計算が働いていることを示唆しているとも思われる。

この発言には、どうあっても正当化できない問題が含まれている。九割の国民を救うためには一割の国民を犠牲にしてもよいというなら、一億二〇〇〇万人の人口がある日本の場合、一二〇〇万人の犠牲はやむをえないということになる。東京都の人口に匹敵する人々が犠牲にされても、「やむを得ない」と。久間氏がこの発言をした当時は、ほとんど問題にならなかったようだが、考えれば考えるほど恐るべき発言である。

こういう計算からすれば、長崎に原爆が投下されたのは当時としては「しょうがなかった」という久間氏の発言も、彼の本音であったにちがいないことがわかる。

日本政府が「先の大戦」と呼んでいる、一九三七年の日中戦争（当時の「支那事変」）開戦からアジア・太平洋戦争の敗戦に至るまでに、日本軍がアジアに膨大な犠牲者を生み出したのは言うまでもないが、日本国民のなかからも軍民合わせて三一〇万人という犠牲者が出ている。しかし、これでも当時の日本の人口の一割にはとうてい及ばない数字であり、一割すなわち一二〇〇万人という久間氏の発言が、いかに恐るべきものであるかがわかるだろう。

もしもこの発言を認めるのであれば、八割の国民を救うために二割の犠牲はやむをえないという判断も正当化できることになってしまうし、七割を救うためには三割の犠牲、六割を救うためには四割の犠牲、ということになっていかざるをえない。かつて日本では、国体を守るためには一億玉砕もやむをえないという、信じられないような犠牲の論理が展開されたこともあったが、戦後半世紀以上たって今なお、このような発言がなされているのだ。

だれが犠牲を決定するのか

久間発言についてさらに考えてみよう。彼の言う「一〇人の犠牲」すなわち一割の犠牲とは、だれのことなのか。そして、それをだれが決定するのか。さらに、このような犠牲の論理を主張し、展開する人々は、自分自身がその犠牲になることを想定しているのか、いないのか。

国家の為政者は、自分は当然生き残る九割のほうに属していると思っているのであり、一割の犠牲になるほうに属しているとは思っていない。まさしく、或る者たち（九割）の利益が他のものたち（一割）の犠牲によって生み出され、維持される。この場合、国家為政者は通常、自らを、利益を得る側に組み込んでいるわけだ。

一般の国民・市民のなかにも、このような論理を展開する人がいるとしたら、その人は自分自身をどちらの側に置いているのか。犠牲になる一割の側なのか、その犠牲によって守られる九割の側なのか。九割の側にいるとしたら、その人は、自分が生き残るための犠牲を他者に押しつける権利を、いったいどこから得てくるのか。これら一連の問いが提起される。これらの問いに対して、自分の回答を正当化できる人がどこかにいるだろうか。

だれが犠牲になるのか。だれを犠牲にするのか。それを決める権利をだれがもっているのか。はたして私たちは、国家・国民共同体を維持するために、自分を犠牲になるべき一割の側に組み込んでもいいということを、国家為政者に認めたことがあるだろうか。

沖縄の米軍基地問題、そして福島をはじめとする各地の原発の問題のなかには、こうした犠牲の問題が含まれている。国策を遂行する際に、米軍基地を置くことによって生じる犠牲、原発を置くことによって生じる犠牲、これらをだれが負うのか。これらを沖縄の人々に、そして福島の人々に負わせることを、どうやって正当化できるのか。

多くの日本国民は、沖縄に在日米軍基地の四分の三もが集中している事態について、疑問ややましさを感じながらも、では、自分の住む地域でその負担を共有できるかと問われると、とたんに口ごもってしまう。同様に、地方の人々に原発のリスクが負わされていることに疑問ややましさを感じる人でも、では、自分の住むところに原発が来る、放射性廃棄物の処理施設が来るなどということになれば、これに賛成することができない。

しかし、沖縄の米軍基地をめぐる野村浩也氏らの議論が示唆しているように、憲法の平等原則からすれば、これらの犠牲は一部に負わせることができるものではなく、犠牲が避けられないとしたら、全国民で平等に負担すべきだという議論に道理があることは否定することができないだろう。

犠牲なき社会は可能か

犠牲が必要だと言う人は、自らを犠牲として差し出す覚悟がどこまであるのか。それはまた、自分一人が覚悟をもったからといってすむことではない。基地をもってくる、原発をもってくるということは、多数の人々に影響が及ぶことになるのだから。

そもそも、原発が立地する「地元」とはどういう範囲を意味するのか。ひとたび今回のような過酷事故が起きれば、人間の決めた行政区画などおかまいなしに放射性物質は飛散する。犠牲という観点からすると、原発のリスクの負担の範囲はじつは決定不可能である。たとえば、福島県のある自治体が経済的な利益を見込んで原発を誘致したいとなったとしても、周辺の自治体がそれに反対した場合には、自分が覚悟を決めるだけでは成り立たない。これは、米軍基地についても同じことが言える。

いずれにせよ、植民地主義的差別は正当化できないとすれば、在日米軍基地を全都道府県で平等に負担すべきだ、また、原発も全都道府県で平等に負担すべきだ、ということになる。米軍基地について、沖縄に対して植民者の位置にあるヤマトの日本人、また原発について、地方に対して植民者の位置にある大都市圏の日本人、筆者の私もそういう日本人の一人だが、そのような位置にある日本人が、もしも基地や原発のリスクを自ら負うことができないのであれば、他の地域の人々にそれを押しつける権利はない。

そして、だれにも犠牲を引き受ける覚悟がなく、だれかに犠牲を押しつける権利もないとしたら、在日米軍基地についても原発についても、それを受け入れ、推進してきた国策そのものを見直すしかないのではないか。

いかなる犠牲もない国家社会が成り立つかどうか、これはここでは答えることができない問題である。しかし、それでも、軍事基地や原発のリスクを限りなくゼロに近づけていく、そういう政治的な選択は十分可能だし、それをめざしていく必要があると私は思う。

あとがき

あの三月一一日から、およそ八ヶ月が過ぎた。

私はこの間、六回ほど福島県内に足を運ぶ機会があった。そのうち一回はまったくの私事、亡父の二七回忌の法事だった。墓石に触れ、雑草をむしるだけでも、放射能汚染のことが頭をよぎる。父や母、祖父母も眠るこの墓地でさえ、「除染」しなければならないのだろうか。そう思うと、いたたまれない気がした。何か「大地」に対して取り返しのつかないことをしてしまったような……。

あの三月一一日の午後二時四六分、私は、集英社新書担当の落合勝人さんと打ち合わせを兼ねて「お茶する」ために、新宿に出かける用意をしていた。そこに、大地震。私は自宅から、落合さんは会社から出られなくなり、「お茶」は中止。本書の構想はそこから始まったのだから、何とも言いようがない。

私と落合さんはそのときまで、昨今の「和解」論を哲学的観点から吟味するような新書の企画を練っていた。震災と原発事故の衝撃は大きかったが、それでも私は新書のテーマを変えることまでは考えていなかった。四月になり、私は震災後初めて福島に入った後、本書にも収録した「原発という犠牲のシステム」という試論を書いた。ところがそれを読んだ落合さんは、ここは「和解」論はいったん措いて、ぜひともこの観点を新書で展開すべきだと熱く語るのである。

3・11以前、私が戦後日本の犠牲のシステムとして考えていたのは沖縄のことだった。沖縄に縁のある落合さんとも、それをめぐって話はしていた。しかし、私には躊躇があった。福島は自分にあまりに近すぎて語りにくい。沖縄には、ヤマトの日本人がどのように語ろうと、現実を変えられないでいるという難しさがある。個別に語るだけでも困難なのに、いっしょに語ることなど土台無理ではないのか……。結局私は、落合さんの説得を受け容れ、本書を書いた。いまだに躊躇は残っているが、書いた以上は弁解できない。各位の忌憚《きたん》なきご批判をぜひお願いしたい。

というわけで、本書の生みの親、落合さんには心から謝意を表したい。一次稿の整理に際しては、坂本信弘さんにお世話になった。その迅速で適切な作業に大いに助けられたことを感謝したい。
本書の福島原発事故についての記述が、東京のインテリの「上空飛行的」観察に陥ることを少しでも免れているとしたら、それは、彼の地で被災した親しい人々、放射能汚染と闘っている友人・知人たちとの対話から教えられたおかげである。福島に希望をと祈りつつ、感謝と敬意を表したい。沖縄については、随分前になるが、歴史家の又吉盛清《またよしせいきょ》氏に初めてお会いした際、「君は今ごろ沖縄に来て、どういうつもりか」と問われたことが忘れられない。彼の地の友人・知人の皆さんには、これからも変わらぬ厳しい批判をお願いするばかりである。

二〇一一年一一月二〇日

高橋哲哉

主な引用・参考文献

高橋哲哉『国家と犠牲』NHKブックス　二〇〇五年
佐藤栄佐久『知事抹殺――つくられた福島県汚職事件』平凡社　二〇〇九年
樋口健二『闇に消される原発被曝者』増補新版　八月書館　二〇一一年
堀江邦夫『原発ジプシー――被曝下請け労働者の記録』増補改訂版　現代書館　二〇一一年
堀江邦夫、水木しげる『福島原発の闇――原発下請け労働者の現実』朝日新聞出版　二〇一一年
森江信『原発被曝日記』（『原子炉被曝日記』を改題改稿）講談社文庫　一九八九年
鎌田慧『新版　日本の原発地帯』同時代ライブラリー　岩波書店　一九九六年
佐藤優『3・11クライシス！』マガジンハウス　二〇一一年
藤田祐幸『知られざる原発被曝労働――ある青年の死を追って』岩波ブックレット　一九九六年
中曾根康弘『自省録――歴史法廷の被告として』新潮社　二〇〇四年
川村湊『福島原発人災記――安全神話を騙った人々』現代書館　二〇一一年
広瀬隆、明石昇二郎『原発の闇を暴く』集英社新書　二〇一一年
カール・ヤスパース『戦争の罪を問う』橋本文夫訳　平凡社ライブラリー　一九九八年
児玉龍彦『内部被曝の真実』幻冬舎新書　二〇一一年

河上肇「日本独特の国家主義」『河上肇評論集』杉原四郎編　岩波文庫　一九八七年
NHK「東海村臨界事故」取材班『朽ちていった命――被曝治療83日間の記録』新潮文庫　二〇〇六年
内村鑑三「天災と天罰及び天恵」『内村鑑三選集　第五巻　自然と人生』岩波書店　一九九〇年
内村鑑三「非戦主義者の戦死」『内村鑑三選集　第二巻　非戦論』岩波書店　一九九〇年
石原慎太郎『新・堕落論――我欲と天罰』新潮新書　二〇一一年
永井隆『長崎の鐘』アルバ文庫　サン　パウロ　一九九五年
開沼博『「フクシマ」論――原子力ムラはなぜ生まれたのか』青土社　二〇一一年
加藤典洋『3・11――死に神に突き飛ばされる』岩波書店　二〇一一年
たくきよしみつ『裸のフクシマ――原発30㎞圏内で暮らす』講談社　二〇一一年
山本義隆『福島の原発事故をめぐって――いくつか学び考えたこと』みすず書房　二〇一一年
進藤榮一『分割された領土――もうひとつの戦後史』岩波現代文庫　二〇〇二年
大田昌秀『沖縄、基地なき島への道標』集英社新書　二〇〇〇年
野村浩也『無意識の植民地主義――日本人の米軍基地と沖縄人』御茶の水書房　二〇〇五年

＊　＊　＊

高橋哲哉「原発という犠牲のシステム」『週刊朝日　緊急増刊　朝日ジャーナル』二〇一一年六月五日
「あらかじめ見捨てられていた『東北の被災地』」『週刊現代』二〇一一年六月一一日号

宮澤喜一、田原総一朗「日本の選択――ロング・インタビュー」『中央公論』一九九一年九月号
石破茂「論客直撃『核の潜在的抑止力』を維持するために私は原発をやめるべきとは思いません」『SAPIO』二〇一一年一〇月五日号
石橋克彦「まさに『原発震災』だ――『根拠なき自己過信』の果てに」『世界』二〇一一年五月号
「原発と司法」『週刊金曜日』第八六六号　二〇一一年一〇月七日
進藤榮一「分割された領土――沖縄、千島、そして安保」『世界』一九七九年四月号

高橋哲哉（たかはし てつや）

一九五六年福島県生まれ。東京大学大学院人文科学研究科博士課程単位取得。専攻は哲学。南山大学講師等を経て、東京大学大学院総合文化研究科教授。著書に『逆光のロゴス』『記憶のエチカ』『デリダ』『戦後責任論』『歴史／修正主義』『「心」と戦争』『証言のポリティクス』『〈物語〉の廃墟から』『反・哲学入門』『教育と国家』『靖国問題』『国家と犠牲』『状況への発言』など。

犠牲《ぎせい》のシステム 福島《ふくしま》・沖縄《おきなわ》

集英社新書〇六二五C

二〇一二年一月二二日 第一刷発行
二〇一六年九月三〇日 第七刷発行

著者……高橋哲哉《たかはしてつや》
発行者……茨木政彦
発行所……株式会社集英社
東京都千代田区一ツ橋二-五-一〇 郵便番号一〇一-八〇五〇
電話 〇三-三二三〇-六三九一（編集部）
〇三-三二三〇-六〇八〇（読者係）
〇三-三二三〇-六三九三（販売部）書店専用

装幀……原 研哉　組版……アイ・デプト．
印刷所……凸版印刷株式会社
製本所……加藤製本株式会社

定価はカバーに表示してあります。

ISBN 978-4-08-720625-8 C0210
Printed in Japan

a pilot of wisdom